U0259452

乡村私宅

赵文涛 编

新微设计“大美系列”设计丛书

图书在版编目（CIP）数据

乡村私宅 / 赵文涛编. -- 天津 : 天津大学出版社,
2021.8
（新微设计“大美系列”设计丛书）
ISBN 978-7-5618-7025-9

Ⅰ. ①乡… Ⅱ. ①赵… Ⅲ. ①农村住宅－建筑设计 Ⅳ. ①TU241.4

中国版本图书馆CIP数据核字（2021）第173707号

出版发行 天津大学出版社
地　　址 天津市卫津路92号天津大学内（邮编：300072）
电　　话 发行部 022-27403647
网　　址 www.tjupress.com.cn
印　　刷 廊坊市翰源印刷有限公司
经　　销 全国各地新华书店
开　　本 210mm×285mm
印　　张 18
字　　数 183千
版　　次 2021年8月第1版
印　　次 2021年8月第1次
定　　价 288.00元

创造更美好的人居环境

Create a Better Environment

新微设计“大美系列”设计丛书

《禅居》

《乡村私宅》

《中式院子》

《中式居住》

《大美小镇》

《私家小院第一部》

《私家小院第二部》

《最美民宿第一部》

《最美民宿第二部》

《最美民宿第三部》

· 未完待续 ·

CONTENTS

目录

[乡村私宅]

华东地区 | 华南地区

CONTENTS

目录

［乡村私宅］

华北地区 | 西南地区 | 西北地区

龙游后山头 28 号宅

项目名称：龙游后山头 28 号宅
项目地址：浙江省衢州市
建筑面积：400 平方米
建筑设计：中国美术学院风景建筑设计研究总院
主创设计：陈夏未、金拓
设计团队：柯礼钧、王凯、沈俊彦、周建正
软装设计：黄志勇、王杰杰
项目造价：95 万元（土建 45 万元、室内 40 万元、景观 10 万元）
摄　　影：施峥

中国都市新人的家乡老宅区别于国外的独栋住宅。在当下城市快速发展的背景下，家乡私宅成为了最具独特性的居住单元，它们承载着父辈的乡村生活模式，同时也承载着子辈家庭如同候鸟迁徙般的生活，每个节日他们（子辈们）从城市回到家乡享受乡村生活。

01

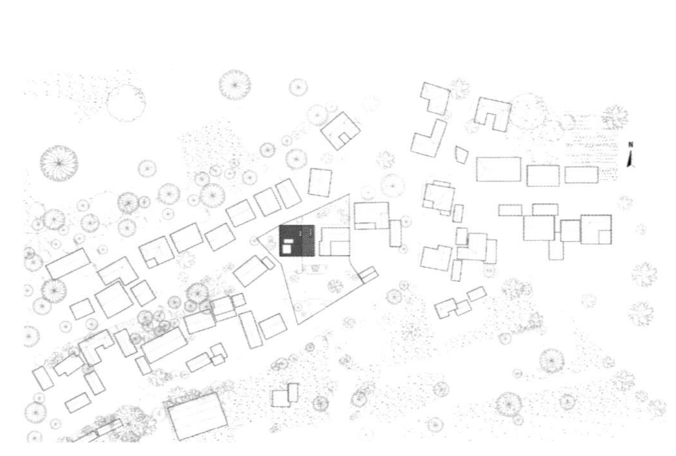

[总平面图]

02

03

04

01/02/ 基地周边水田鸟瞰

03/04/ 田间透视

05/ 建筑正立面

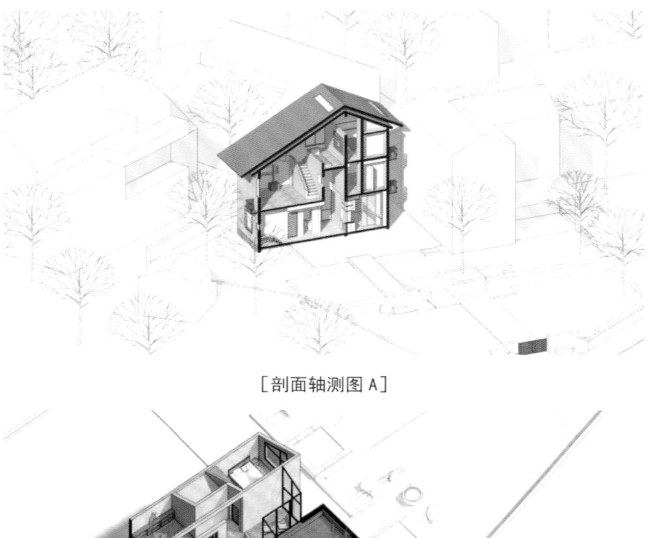

[剖面轴测图 A]

[剖面轴测图 B]

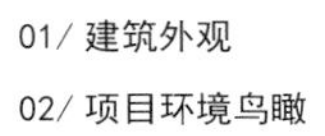

01/ 建筑外观

02/ 项目环境鸟瞰

03/ 背立面

04/ 立面细部

05/06/ 立面上的窗口

03

05

06

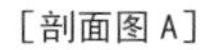

[剖面图 A]

[剖面图 B]

归园田居的理想

龙游是浙江南部的一个小县城，位于平原与山地的交界，从杭州坐高铁一小时抵达，出高铁站沿着乡野小路驱车 5 千米即可到达项目所在的后山头自然村。该村仍然保持着乡村特有的风貌，基地南边的大片水田一直延伸到不远处连绵起伏的山脉，这是一幅令人熟悉的旧时乡村风景。

空间序列——立体魔方

在这个 12 米 ×10 米的基地内，人与人、人与家乡的深层关系需要设计师转化为各种空间元素。

前院桃李罗堂，花色不断，榆柳荫后檐，改用银杏。一楼客餐厅与前院之间是一片 7 米宽的水泥地面，作为室内外的连接。

首先进入通高的入户门厅，设计师把连廊处加入采光玻璃，通透且不缺仪式感，一楼的公共客餐厅被一部魔方楼梯串联起来，接着进入二楼立体家庭厅，再是三楼阳光茶室，最后到达半遮半透的室外大露台，五个卧室被合理地分配在主线周围。

公共空间的设计连续且通透，步移景异，行走之间皆有风景，随便一喊一家人都能听到，窗外是稻田远山景象，楼梯处是小孩的追逐身影，这些画面正是设计师想呈现的。

[一层平面图]

内繁外简，朴实无华

内在丰富、外表朴实、色彩素雅是设计者对江南乡村建筑的基本诠释。项目在节约造价的同时，也确保能耗最小化。在接近黄金分割比例的双坡顶下，适当设置部分老虎窗、天窗，丰富立面表情的同时改善了北向房间的采光。入口垂直到顶的玻璃幕墙作为立面的主轴，各功能空间大小不同的窗户组合构成了建筑的几何表情。

04

05

06

01/ 通高的玄关空间

02/ 入口及玄关

03/ 客厅与餐厅

04/05/ 客厅及桌椅

06/ 次卧空间

混凝土屋顶上设有传统木屋架大挑檐，屋顶和屋架之间留有空气流通层，木屋架丰富了建筑细节，保温而不失美观。生态设计是乡村建筑营造的主旋律，木、石、泥、草是乡村田舍的原材料。传统木屋架丰富了建筑细节，吸引燕雀归来；外墙掺入稻草的质感涂料以及当地石材制作的基座与屋前水田相亲近；院子里的菜圃就是鲜活的生活。就地取材是成本控制的关键，低廉的造价让生态设计具有普适性意义。

01/02/03/ 二层起居室

04/05/ 阅读空间

06/ 主卧

07/ 楼梯与天窗

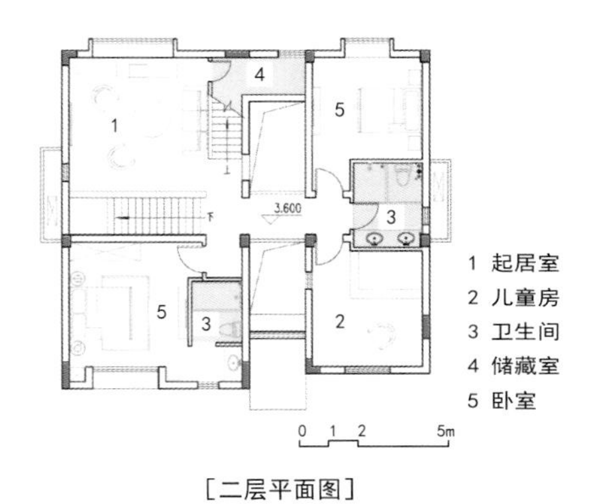

［二层平面图］

04

05

06

07

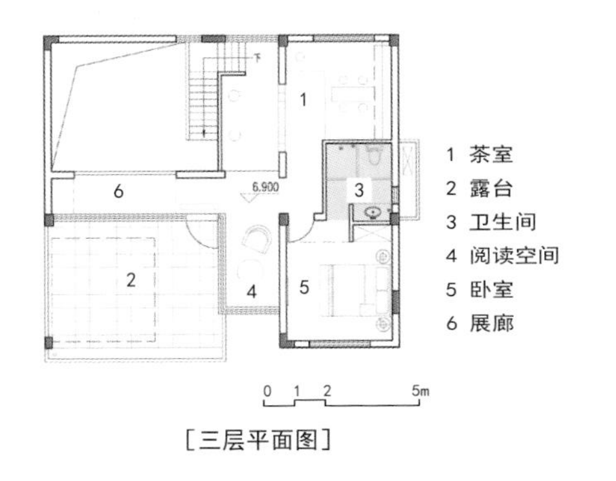

[三层平面图]

01

02

03

04

05

06

07

08

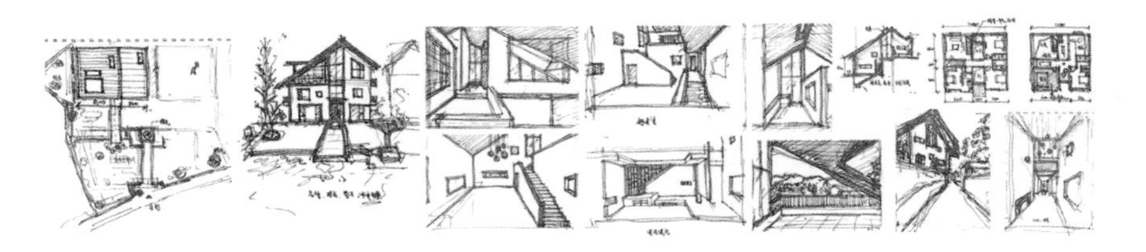

09

结语——回忆而回不去

在乡村，田园包围建筑，绿地充足，院子以硬地为主，可减少虫子，便于打理和晾晒，方便举行各种活动。

建筑内部空间通透连续，随便一喊一家人都能听到，便于交流。屋顶采用木结构大屋檐，不仅防雨而且便于燕雀栖息，人与自然更加亲近。当今人们的生活方式已经发生了很大的变化，希望在当代生活中融入乡村特有的诗意，以熟悉的旧时风景和当代生活作为骨骼，想象一个全新的家。一个三代人的大家庭在屋檐下、庭院间，燕归，人还，看春来。这就是中国乡村自建房的生命力。

01/ 顶层公共空间

02/ 露台与阅读空间

03/ 艺术展廊

04/ 茶室

05/ 茶室与天窗

06/07/ 露台及露台细部

08/ 露台上的休闲活动

09/ 草图及施工组图

梯田之家

项目名称：梯田之家
项目地址：浙江省海宁市
建筑设计：丰间建筑事务所
建筑面积：385 平方米
主创设计：陈晨、朱枫
摄　　影：陈曦

梯田之家位于浙江省海宁市，地处长江三角洲杭嘉湖平原。项目处在一个典型的浙江乡村环境中，小镇是远近闻名的纺织城，镇内良田与工厂交织，呈现出传统与现代融合的景象。设计师希望在村镇这个复杂环境中，通过极低的成本营造出符合当地需求的居住空间与建筑形态，并将传统住宅中的空间要素延续到项目中，通过提升居住品质吸引在城市工作的人更频繁地返乡，让老龄化的乡村逐步恢复活力。

基地所在的区域内混合着农业、工业和服务业，业态的复合引导居民形成了新时期下特有的乡村生活方式：人们在堂前屋后种满各种蔬菜，自给自足；将多余的房间出租给小商家、个体工厂或是外来务工人员，对于一些当地留守的老人而言，相对稳定的租金收入可以保障他们的基本生活。

01/ 建筑外观

02/03/ 住宅周围环境

04/ 基地原貌

05/ 傍晚时的建筑效果

05

乡土的建筑应需而生，因地而建，那里的人们最清楚如何以“此地人”的感受而获得宜居。

——赖特

［基地俯视图］

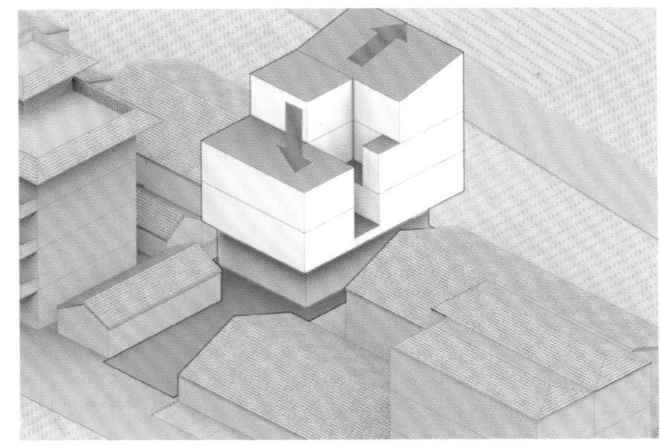

［建筑体块图］

原有的建筑是一个传统的院落式住宅，宅基地呈“L”形。老宅拆除后，新建造的房屋将用于一家四代人偶尔返乡居住，闲置时候部分房间用于出租。梯田之家建造的限制与要求主要来自三个方面。一是当地政府的管理规定：宅基地面积不能超过 85 平方米，檐口高度不能超过 11.4 米。二是当地的传统观念：入户大门尽量朝南，厨房需向东，床顶不能有过梁等。三是来自业主的诉求：希望新建筑设置尽量多的房间，部分也可用于出租；外立面能够耐脏耐久，方便清洁；同时希望在宅中预留尽量多的种植区域。

乡村的居民在审美上更偏爱盛行的“欧式”异托邦风格，在功能上更偏向于满足基本需求，他们希望住宅可以建得更高，实用面积更大，他们传统居住文化淡化，对传统居住元素逐步放弃。

在规划居住建筑的实体空间的同时，设计者回应使用者多方位的需求。宅基地的面积有限，业主希望可以在宅内设置尽量多的种植区域，设计者便创新性地在建筑的屋顶造了一片“梯田”。

阶梯式屋顶梯田的设计出于几个主要因素的考虑：“耕者有其田”，宅中能设半亩良田，是中国人特有的情感与诉求；“登高明远目”，阶梯天生具有方向性，往上可以远眺北边大片的稻田，往下又能回望南面私密的小院，它的形态有利于屋顶迅速排水，减少了强降水下屋顶渗漏的可能；覆土绿化的屋顶，在炎热的夏天能起到很好的防暑隔热作用。

为了确保设计能够落地，设计团队设置了一个低成本营造的阶梯式种植屋面：将楼板分块设置在不同的标高，利用多孔砖砌筑排水明沟，明沟上盖花岗岩石板，并在每块石板之间留出适当的排水缝隙，降低施工难度的同时确保了可实施性。

01/02/ 建筑与周边环境
03/05/ 基地两侧建筑
04/ 原有建筑俯瞰
06/07/08/ 住宅内的天井

03

05

设计团队将传统住宅的空间骨架——“天井院”重新植入新的建筑，层层退递的院落与平台呈现着向上生长的态势，寓意节节高升，同时采用“前院后室”的布局，将分散的空间整合到用地北侧一个9米×15米的区块里，并在首层设置了架空空间，缩小占地面积以符合当地规则。

把“天井院”移回到新房，当地人难以理解，这意味着会减少房间的面积，而未来的拆迁又与建筑面积息息相关。但是院落的设置将获得阳光的房间增加了整整一倍，同时通过退递的方式，将院落在每层占用的空间减到最小，而这小小的“天井院”兼具了通风、采光、晾晒以及空调设备平台等多种功能，通过设计很好地平衡了使用者的利益与需求，或许这就是梯田之家得以落成的最重要原因。

整座建筑中存在多个层级的院落关系。竖向的天井与横向院落交会于一层的厅堂。透过天井投射而下的自然光，弥补了一层空间采光不足的缺点，同时也强调了厅堂作为整座建筑的中心空间的重要性。

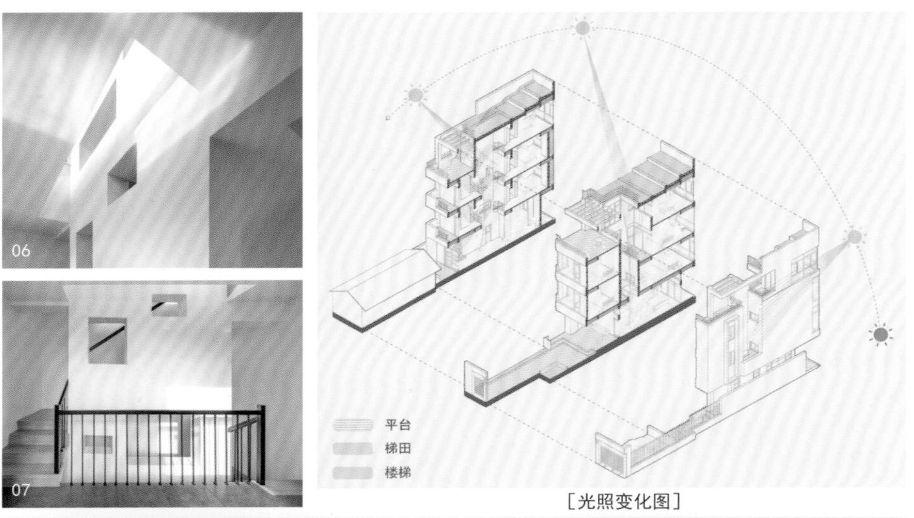

06

07

[光照变化图]

08

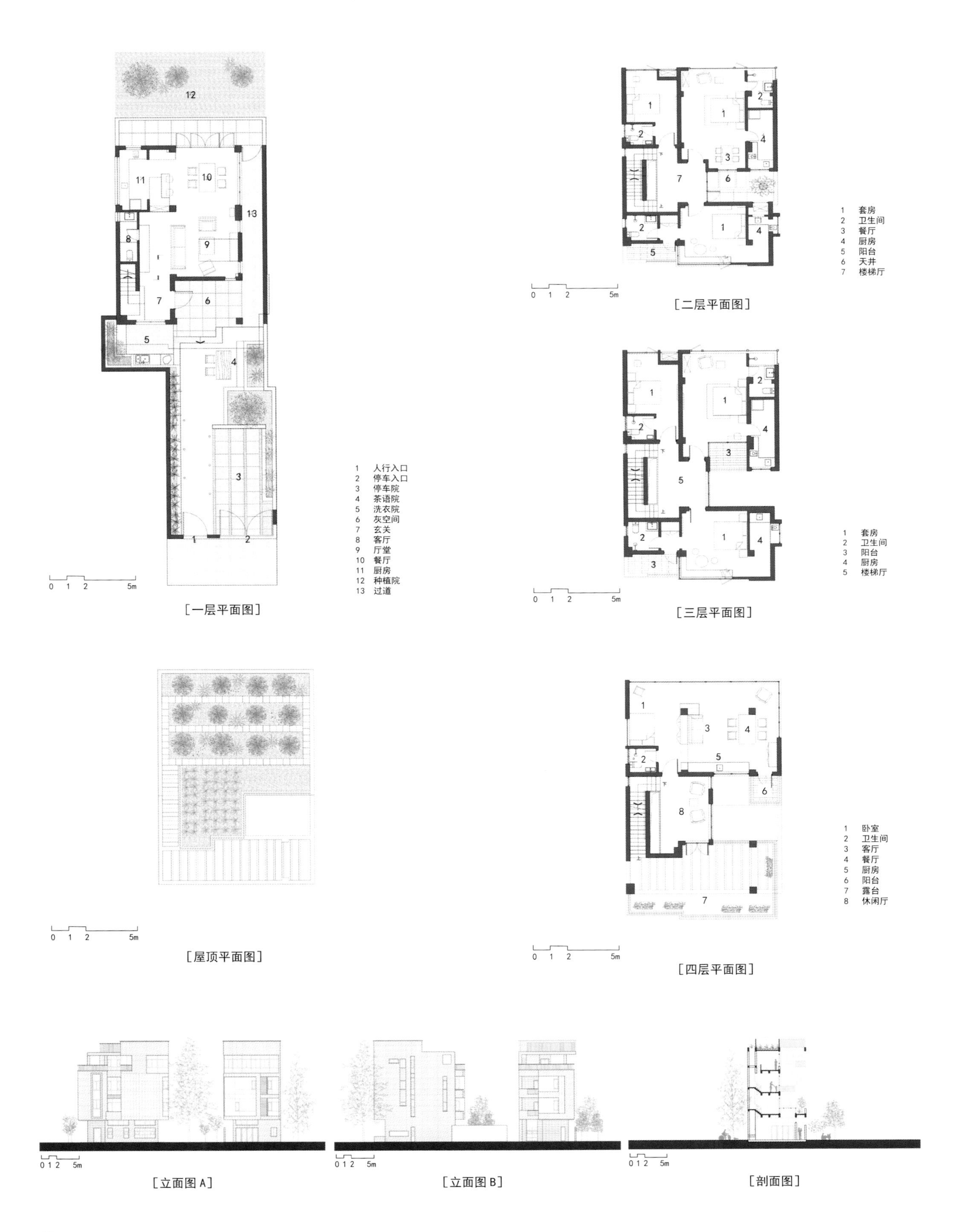

［一层平面图］

［二层平面图］

［三层平面图］

［屋顶平面图］

［四层平面图］

［立面图 A］

［立面图 B］

［剖面图］

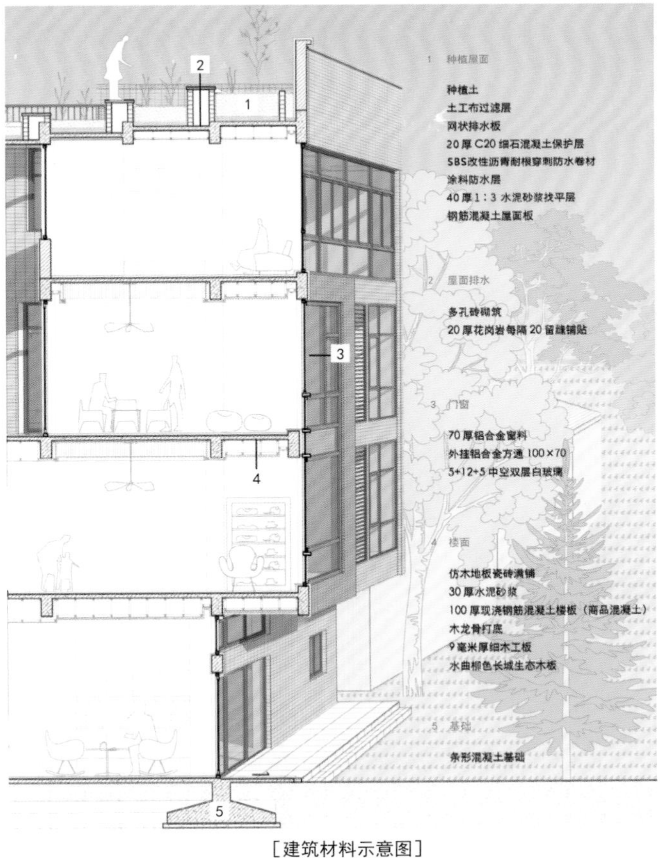

［建筑材料示意图］

外墙面砖的使用表达了村民普遍具有的一种“执念”——只有贴上了面砖（或是瓷片）的房子才能称得上是一座新房。设计初期设计团队为建筑的外立面提供了两套方案：采用白色清水防护材料（混凝土保护剂）或是青砖饰面。居住者反馈白色不吉利，而青砖的使用成本会更高，最终我们采纳了业主的建议，用业主家里库存的纯色面砖代替了原设计方案中的外墙材料。

其实，纯色面砖在功能性上在乡村具有天然的优势，它的吸水率等优于当地常用的瓷片，耐脏且易擦洗。面砖有 9 毫米 ×13 毫米与 9 毫米 ×28 毫米两种规格，通过不同尺寸和颜色的有序拼贴，可以强调立面不同区域的功能性与逻辑性。拼贴的面砖与落地窗通过虚实的穿插组合，呈现了一种“陌生的熟悉感”，正好隐喻了现代乡村叠合多元的现状。

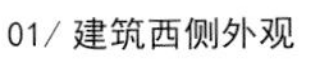

01/ 建筑西侧外观

02/ 住宅后入口

不同于城市住宅大平层的形式，乡村住宅是个兼具开放性和私密性的复杂体，四世虽同堂，却具有明确的“领域”划分。它既需要设置用于祭祀、聚会、宴请的半开放空间，对外交流，也需要保证私密的家庭空间免于外界干扰。同样的，户内每代人的生活习惯不尽相同，对生活区域的独立性也有很高的要求。

建筑的一层布置了入户玄关、厨房、餐厅和多功能厅堂，厅堂平常用作普通的会客空间，节庆时期可供家人祭祀、宴请。南北两侧区分了不同的入户属性：开放的北侧设置了大尺寸的平开门直接对外，未来有需要可以设置隔断，将北侧区域设置成一个小型的商店；私密的南侧入口穿过内院到达，入户后即可直接通过转折的楼梯到达二层的起居空间。

二三层的布局相同：南侧布置了一间主卧套间，北侧布置了大小不一的次卧。设计师给每一个房间都配备了独立的卫生间和厨房，将空间划分成一个个独立的居住单元，不但便于闲置房间的出租，也为四世同堂一家人的相处保证了舒适的生活距离。

建筑的四层北侧设计了一个套间，沙发床、厨房、起居室以及简餐厅都被整合在一个大空间中，房间设置了最大化的落地窗用于欣赏稻田风景。开放复合的空间布局很符合年轻人的生活方式，每逢节假日，在外工作的年轻人返乡，家人齐聚一堂。这里是最好的家庭聚会地点，也是小朋友绝佳的玩耍场所。

01/ 住宅北侧道路

02/ 住宅主入口

03/04/ 屋顶露台

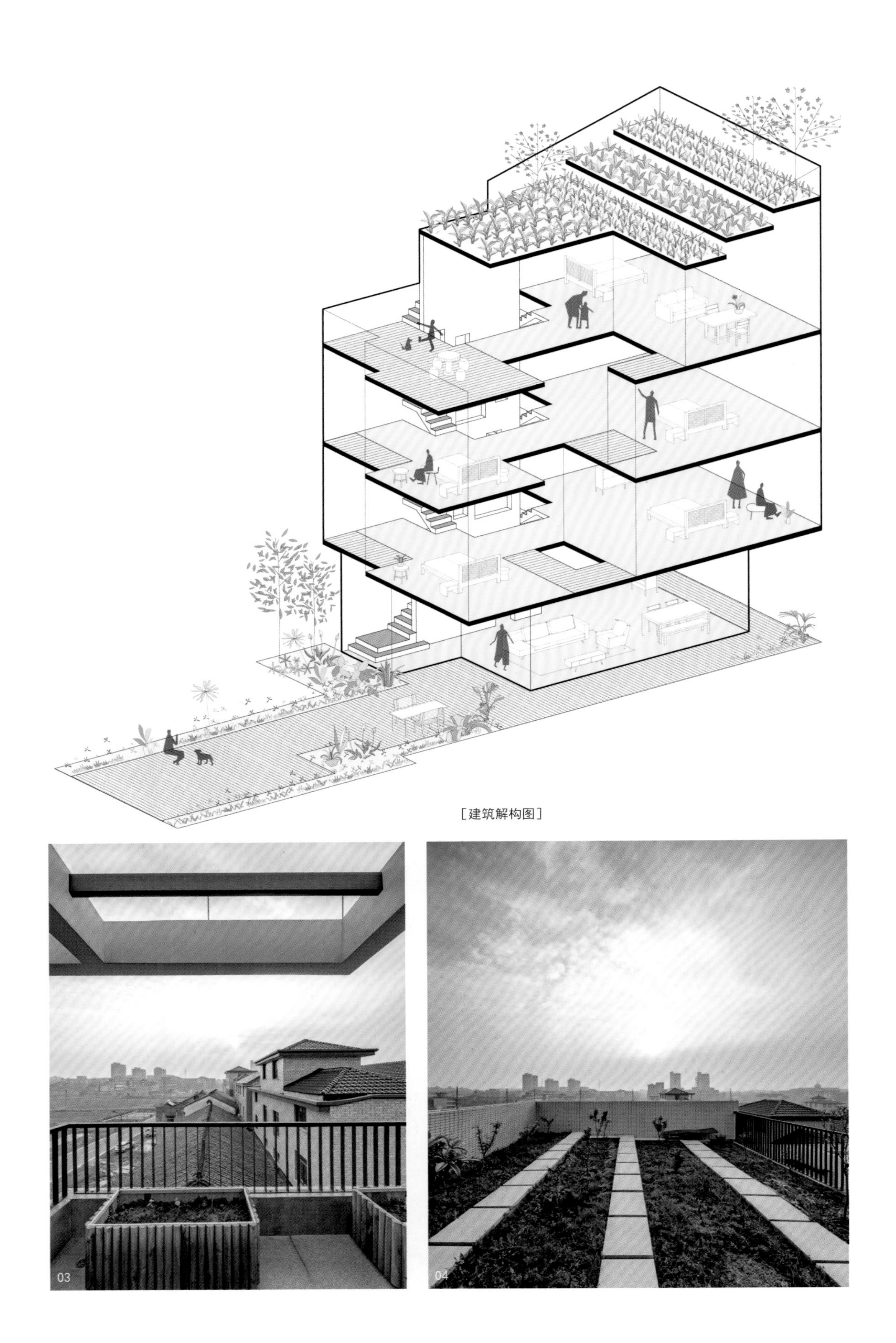

[建筑解构图]

01

03

04

民居是乡村中最大的存量主体，也是乡村振兴里最需要关注的内容。设计师希望梯田之家是一个在类型学上可以“复制”的样本，并尝试概括了这个类型所具备的五个特征：立体院落、屋顶农田、拼贴立面、多功能厅堂以及独立的生活单元。现代乡村住宅应当具有独特的风格，它的空间结构、文化特征、精神内核可以复制并且可以拓展。

项目进行过程中，业主不仅仅关心建设的问题，也会考虑到建筑未来的使用功能、邻居的看法以及对周边环境的影响。梯田之家最后的呈现，以直接或间接的方式，一一回应了业主的需求。在造价、功能、形式都能被当地使用者接受的时候，一个新的样本就有机会落地呈现。

当下的乡村是传统与现代并行的综合体，设计师尝试探寻乡村居民复杂的精神世界，营造一个现代的情感载体，把乡村建设成真正有意义的居所。而当建筑师更多地介入乡村环境，当建筑更多地面对日常生活的时候，人们会发现这些工作变得更有价值与意义。

01/09/ 一层客厅
03/ 一层餐厅
02/04/ 楼梯

05/ 四层餐厅
06/ 卫生间
07/08/ 二楼卧室

西周李宅

项目名称：西周李宅
项目地址：浙江省象山县
建筑面积：258 平方米
建筑设计：Studio MOR
项目造价：110 万元（含软装）
摄　　影：张岩

项目位于西周镇中心主干道上。东侧与民居相邻，南北为村道，西侧为空地，和邻居围合成一个半院，院内有井，很多村民在此洗漱。主干道上有一个三角形的公园，附带一个小型的停车场，因此形成了一个小型活动中心。

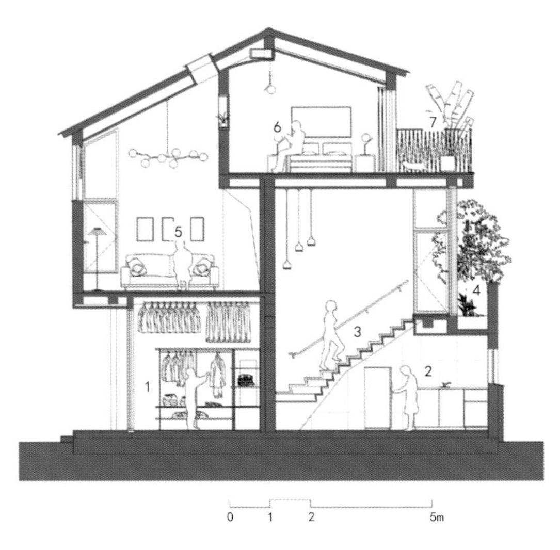

[剖面图 A]

1 洗衣店　3 楼梯　5 客厅
2 厨房　4 花园　6 主卧　7 阳台

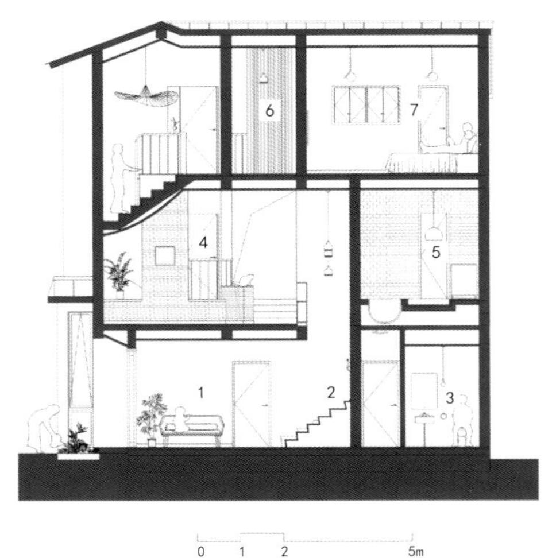

[剖面图 B]

1 门厅　3 洗手间　5 浴室
2 楼梯　4 茶室　6 衣帽间　7 主卧

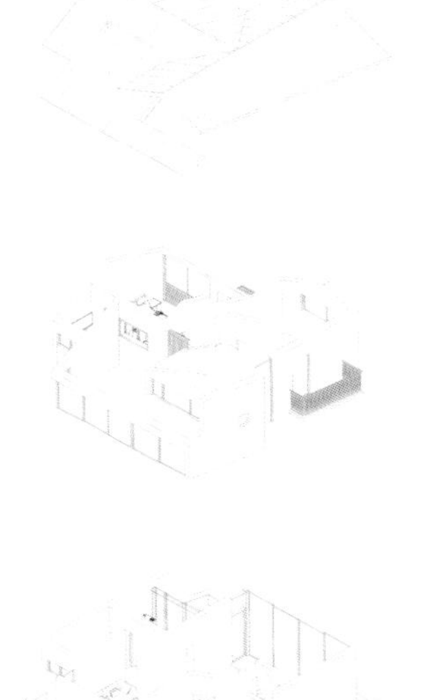

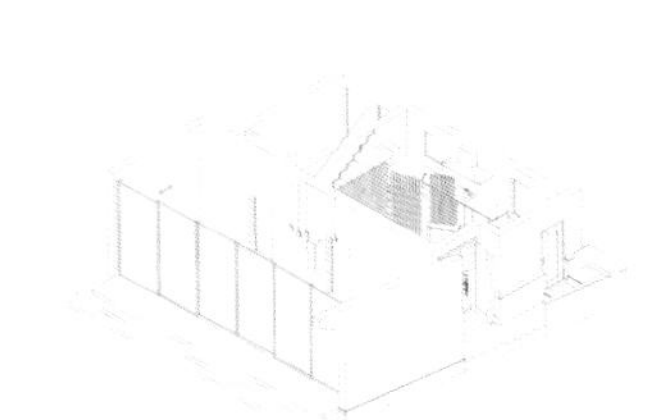

[轴测图]

一层北侧沿街，甲方要求作为干洗店店铺，并在东南侧配备工作间和卫生间，将家的入口朝向了有井的院子，同时按照当地生活习惯做了室外的洗菜池。从街道上看，由于商业需要，北立面被设计成一个比较规整的形状，包括柱廊和带状玻璃窗。

01/ 住宅外观

02/ 玻璃窗增强采光效果

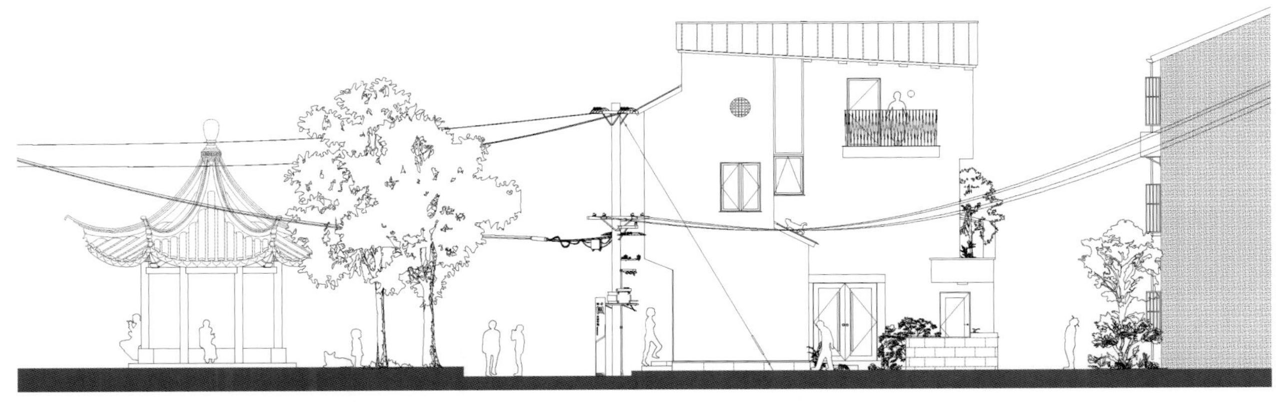

［西立面图］

由于邻里关系，西立面及南立面的边界都做了一些退让，花园阳台檐下的灰空间处在这些边界处，和邻居的房子产生柔和的互动，也让立面更加有机。

施工的师傅都是当地村里的，他们用自己熟练的技艺来保证施工的完成。但设计对此稍作改变，在一个地方运用几种建造方法，以此来增加建筑的丰富性。

03/04/ 因邻里关系，西立面及南立面的边界都做了一些退让

05/06/07/08/09/10/11/12/ 施工现场

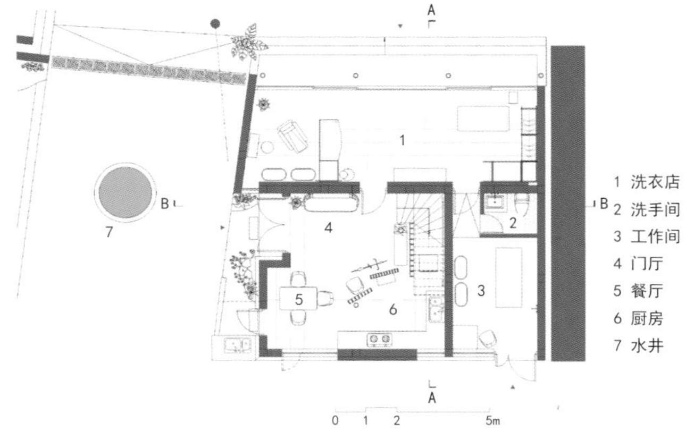

［一层平面图］

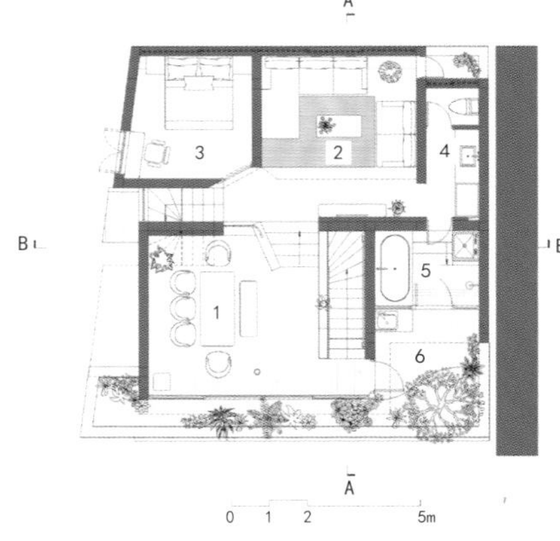

［二层平面图］

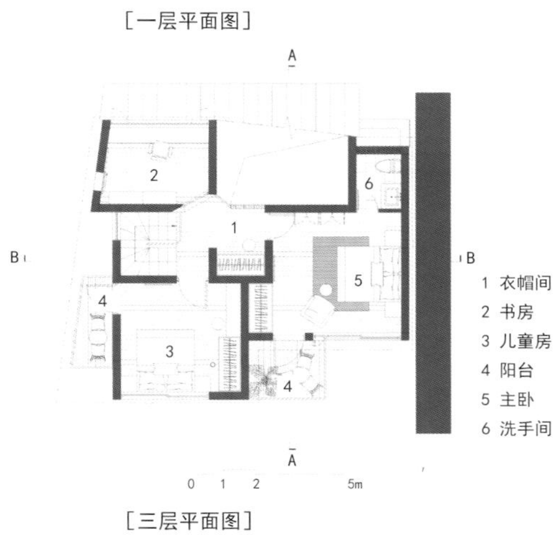

［三层平面图］

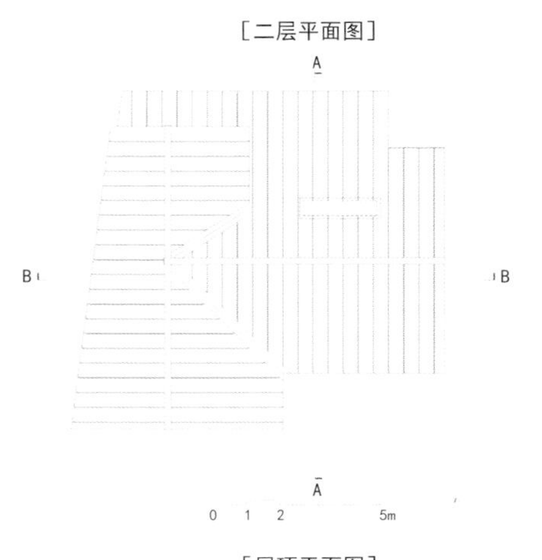

［屋顶平面图］

01/ 住宅入口

02/ 夜景

03/ 挑高的客厅空间

04/ 客厅上方的吊灯

05/ 三层空间通过窗口与客厅形成视觉联系

由于在村子里人们串门频繁，一楼的餐厅、厨房兼具了会客厅的功能。沿着楼梯向上，客厅、茶室、花园等公共空间连通起来。设计师通过一些变化，例如高差的变化、吊顶的变化等来体现空间和功能的变化，而这些变化在位置上是不重合的。

上述空间形成一个大的区域，人可以很方便地找到一个属于自己的场所。三楼的卧室区域又变得私密，形成安静的休息空间。

04

05

06

07

01/ 分割不明显的二层空间
02/ 通往客厅的楼梯
03/ 从茶室望向客厅
04/07/ 通往三楼的楼梯
05/ 茶室
06/ 三楼的吊灯

设计师在材料处理上采用了自然的手法，涂料墙、清水墙、不同花纹的大理石、可丽耐、亚光和抛光瓷砖、马赛克都是白色的，青石板、金属板、铝材都是深灰色的，但是材料的质感各不相同。胡桃木、樱桃木、柚木、蚁木、杉木、松木等颜色相近，但在色相上又有差别。护栏、灯具、把手等铜色配件又展现出一种交相呼应的状态。

01/ 门厅
02/ 从门厅望向厨房
03/04/ 楼梯
05/ 茶室
06/ 置物柜
07/ 主卧的窗户
08/ 餐厅与厨房之间的护栏
09/ 客房的门

05
06
07
08
09

半空间住宅

项目名称：半空间住宅
项目地址：浙江省温岭市
建筑面积：96 平方米
室内设计：上海几言设计研究室
设 计 师：颜小剑、肖露娅
项目造价: 约16万元（硬装+软装+小电器）
摄　　影：吕晓斌

这是建筑师的自宅，是建筑师和父亲联手打造的具有特殊情感寄托的小空间，是一个用时间织补的家，是一个平衡极低造价和乡村师傅建造手艺关系的项目。

设计只是一个开始，生活才是空间的延续。设计师将其取义半空间，一半源于设计的思考，一半归于真实的生活。

背景

改革开放后，浙南农村出现了“第三代”居住建筑类型，窄开间、长进深的五层住宅，构成了该地区特有的风貌。窄面宽、多楼层的形式使得各楼层独立，楼层功能单一，空间互动性弱。另外由于农村家庭成员有限，导致大多住宅顶层乃至高楼层出现闲置浪费的现象。

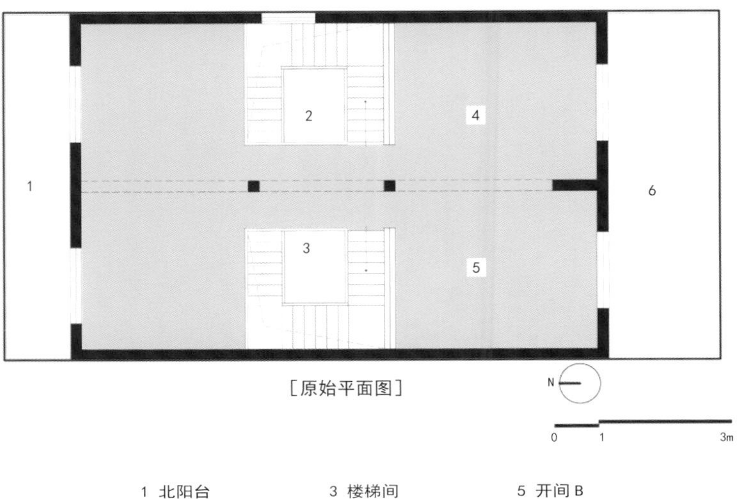

[原始平面图]

1 北阳台　　3 楼梯间　　5 开间 B

2 楼梯间　　4 开间 A　　6 南阳台

探索

项目为浙南农村双栋自宅，设计师以空间互动体验为探索契机，针对闲置的五楼空间进行改造实践，试图打造一个具有复合功能的家庭活动场所。

设计师充分挖掘空间潜力，通过减少空间界限，削弱隔断的处理，使得空间界限模糊，功能更加灵活，营造一个自由互动的非典型住宅空间。

家应该是自由的、可以互动探索的空间。

原始顶楼空间因为没有功能和情景支撑，所以被闲置，为了解决这个问题，设计师在顶楼空间加入了日常必需的功能，把原有的空间柱收纳到墙体内，储藏功能暗藏到吊顶空间里，让主体空间尽可能纯净。

日常功能区的层高控制到 2.2 米，而楼梯间和起居空间的层高被最大化，层高反差之下带来的是明亮的空间，也引发了主人不同的心情变化，另外设计师加入了半层阁楼，满足多层次的活动需求，同时提升主人的空间感受。

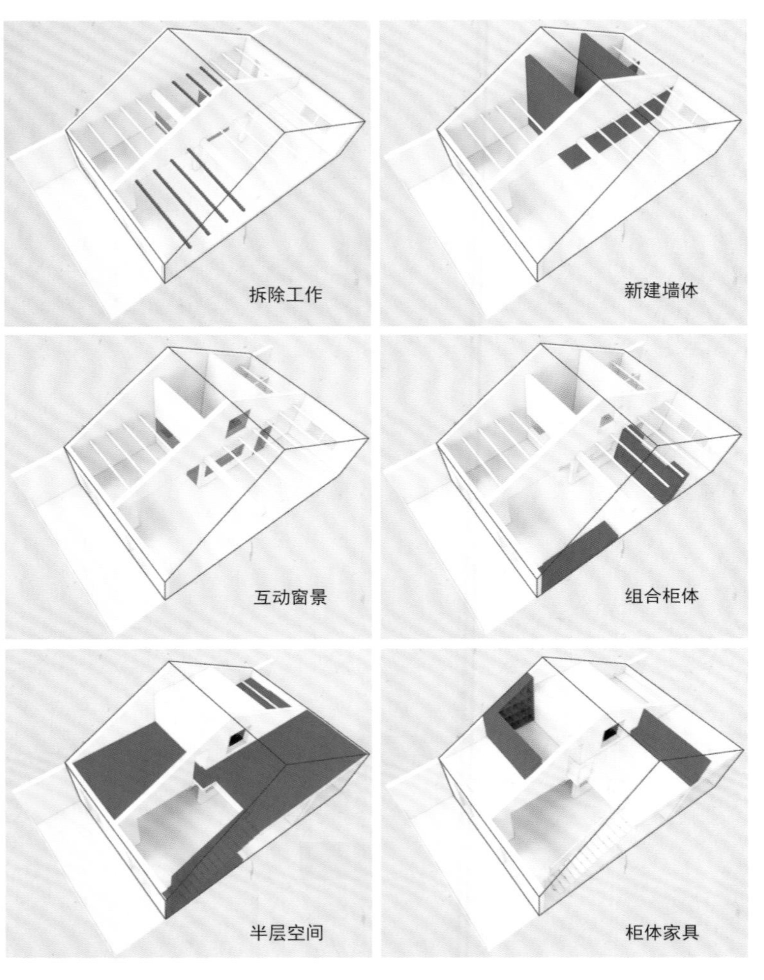

[住宅生成过程图]

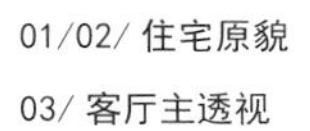

01/02/ 住宅原貌

03/ 客厅主透视

03

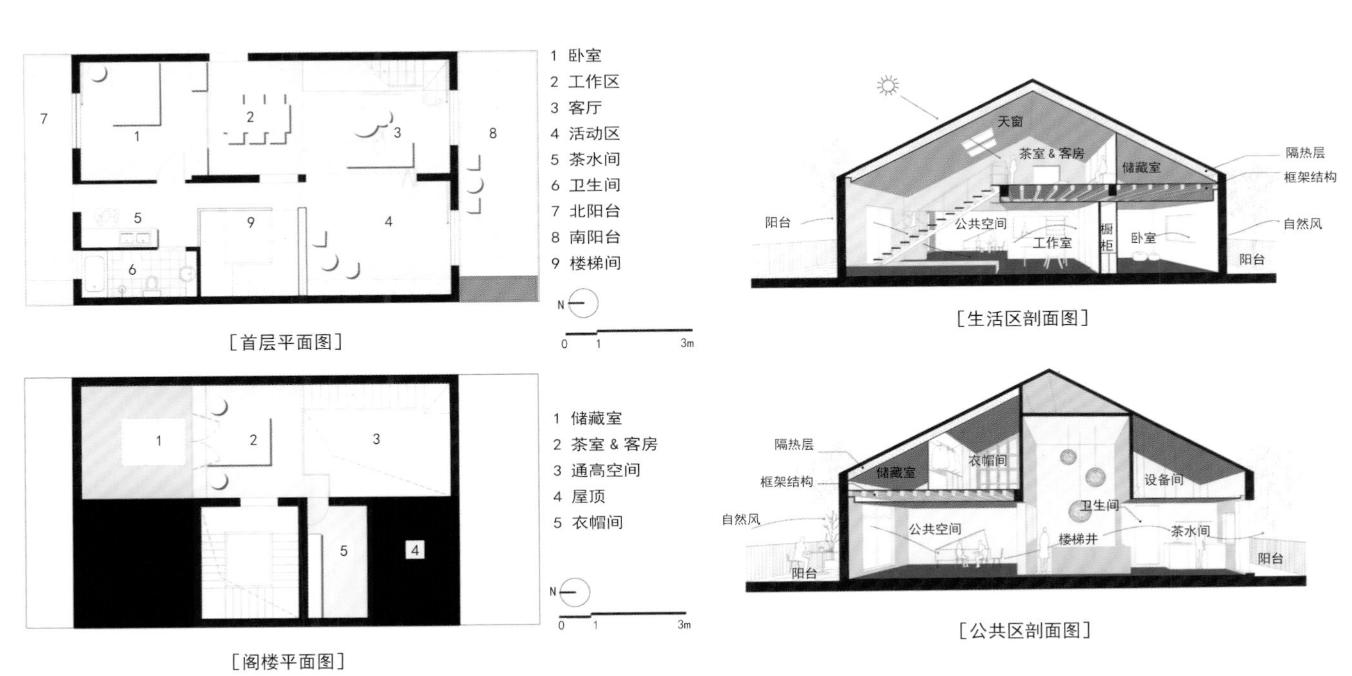
1 卧室
2 工作区
3 客厅
4 活动区
5 茶水间
6 卫生间
7 北阳台
8 南阳台
9 楼梯间
[首层平面图]
1 储藏室
2 茶室 & 客房
3 通高空间
4 屋顶
5 衣帽间
[阁楼平面图]
天窗
茶室 & 客房
储藏室
隔热层
框架结构
阳台
公共空间
工作室
橱柜
卧室
自然风
阳台
[生活区剖面图]
隔热层
框架结构
储藏室
衣帽间
设备间
自然风
卫生间
公共空间
楼梯井
茶水间
阳台
阳台
[公共区剖面图]

01

02

03

营造

优雅的极致是呈现精神的自由，自由是最深刻的人性需要。自由是需要平衡的，设计师选择用安静来平衡建筑与自由的关系。极少主义的白色隐藏着最丰富的情感，也预示着空间的无限扩张和无所不能的包容性。白色不仅仅是一种颜色，更是光与影、虚与实达到融合的最佳媒介。设计师在这个项目中，以最简单的材料还原空间人情味。空间以白色和原木色为主基调，同时尽可能减少实体隔断，墙体上设置窗洞，虚实组合，使得空间保持自由与互动体验。

01/ 客厅一览
02/ 电视柜及楼梯一角
03/ 楼梯细部
04/ 多个空间互相渗透
05/ 客厅主透视
06/ 开放的公共空间

01
02
03

空间是家庭活动重要的载体，设计师腾出更多的空间给日常生活，卧室只占据很小的面积，同时利用组合的移门柜体划分独立边界，当移门打开时卧室和主空间融为一体，成为一个没有边界的私人场所。

设计师在原有的高度余量中加入了丰富空间层次的半层阁楼，屋面加入智能采光天窗，光的融入给予了空间斑驳的灵魂，这是一个会客茶饮、冥想的多功能场所，是一个可以躺着看星星的阁楼。

04

05

06

01/ 景窗创造多层次的活动场景

02/ 入户景窗

03/ 阁楼俯拍

04/ 减少空间的边界设定

05/ 工作室

06/ 活动区局部场景

控制

简是一种生活方式，也是生命中某个时间段、某种环境下的一种情绪、态度、思考的产物。

设计师将多个储藏空间精量化地设计到定制家具中，能双面使用的组合衣柜可以作为座椅的储藏台面，减少非必要的家具。主体软装遵从空间属性，以灰色调的简约家具进行搭配。

01

02

03

01/ 阁楼的茶室、客房功能可灵活转换

02/ 空间半层透视

03/ 阁楼一角

04/ 从客厅看向阁楼

05/06/ 阁楼与天窗

07/ 从阁楼看向楼梯间

08/ 楼梯间细部

04

05
06

07

08

01

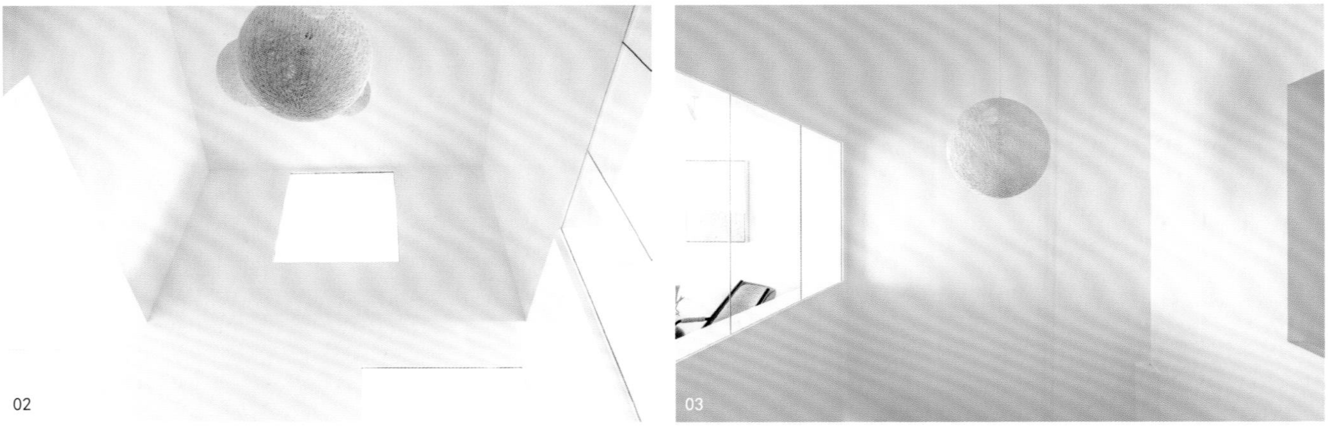

02

03

“我”的家

这是一个需要更长时间、更多思考去不断完善的家。当空间最终完成，要去表述它的时候，设计师发现并不能以简单风格来定义，它不呈现任何一种既定的模式。但当你身处其中，无论何处，都是舒适的，家是人们内心世界表达出的形态，承载自我的需求，反过来，家又用具体的形态来滋养和强化自我，不断明晰自我。希望每个人都能寻求到独属于自己的家。

01/ 多个楼层共享的楼梯间

02/ 高耸的楼梯空间如同一个精神堡垒

03/ 空间留白和无边框的超白玻璃，如同画廊的场景

04/05/ 局部小品

06/ 楼梯间的透视图

07/ 活动区及楼梯间窗口

04
05
07

虹越园艺社区

项目名称：虹越园艺社区
项目地址：浙江省嘉兴市
建筑面积：3 000 平方米
建筑设计：杭州森上建筑设计有限公司
摄　　影：邱日培（AD建筑摄影）

农民作为中国城市快速发展进程中的重要参与群体，其自建房有着鲜明的中国特色。农民自建房横跨了一个时代，它们在城镇化快速发展中替代了传统的木构民居。随着城市的不断扩张，在征地与拆迁的过程中，很多农村自建房逐渐变为废墟，这也成为新城镇开发面临的首要问题。

废墟中的价值

个体自由：农民自建房的建造有较高的自由度，居住者会根据自己的生产、生活需求进行适当的整改。无论是阳台、仓库，还是大屋檐，这些加建部分都会使住所的生活方式与外界环境有着更为多样化的联系。

群体聚落：农民自建房有着自然村的基底，往往具有一定自然组群的状态，类似于小型村落。不同于城市规划中严谨的“方格子”，这些看似无章法的自建建筑群有着相对自然的肌理。族群意识与交集是它们较为珍贵的东西，这些集群性的要素成为集体生活的源头。

［项目地块与区域肌理］

园艺中的再生

虹越园艺社区位于浙江省海宁市虹越园艺家总部园区。园区内有几组农民自建房群，被企业承租后整改后使用。场地内的农民自建房有着典型的中国农民房特色，建筑形式、材质、色彩等元素较为混杂，门廊以及屋檐等部分未被利用，建筑群体也没有与园区的环境相融合。

［建筑正立面］

01/02/03/04/ 建筑原貌

05/ 从河对岸望向改造后的建筑

06/ 从玉米田望向改造后的建筑

自然的参与者

设计师在面对农民自建房拆改的问题上，要全面而客观，用积极的态度与方法来解决这些问题，让原本风格杂乱的建筑群能够和谐地融入周边环境之中，在给予人们丰富生活空间的同时，也能成为与自然共生的群体。

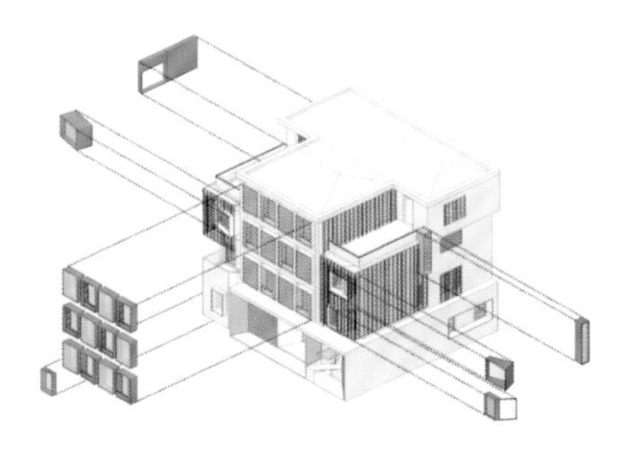

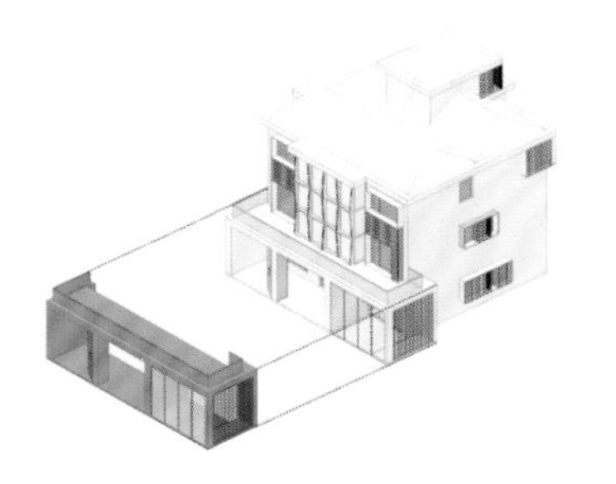

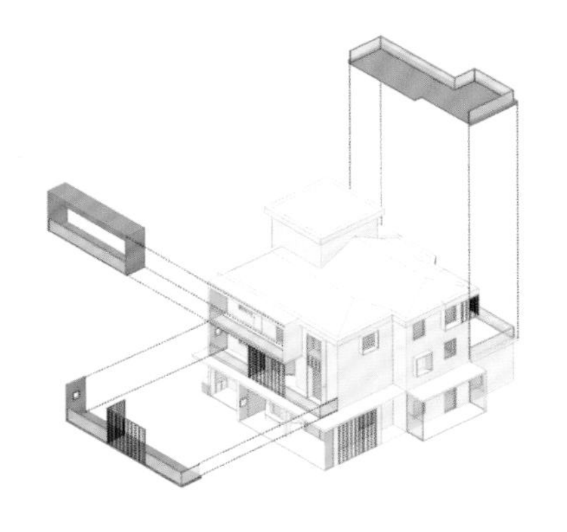

［门廊、凸窗、阳台的整改］

07/ 整改后的门廊、凸窗、阳台

08/ 原有的门廊、凸窗、阳台

09/ 门廊

10/11/ 阳台和凸窗

生活的创作者

设计师在设计过程中对居住者的生活行为进行分析研究，针对不同的行为类型对原建筑的门廊、阳台以及窗洞进行了创作性的设计改造，把单一功能的区域改造出更多的弹性空间，提升了空间的利用率与活跃性；通过纳入阳光房、凸窗，提升了生活空间的品质，钢网、格栅的介入为自然植物预留了生长的空间，增加建筑群与自然环境互动的可能性，居住者可以随时随地地体验自然给生活带来的自由与亲近之感，并在此之上发掘出生活中更多的乐趣与想象力。

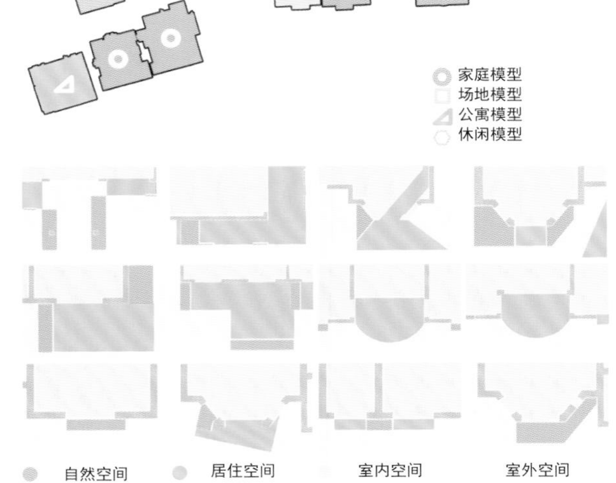

［空间模型］

多类型的居住社区

改造后的自建房居住模式较为多样化，分为集合公寓模式的小型酒店、套房模式的接待中心以及家庭模式的单体住宅三种，同时配有一栋提供小型餐饮的休闲吧。建筑群与周围的景观花园相结合，成为一个充满生机活力的园艺社区。

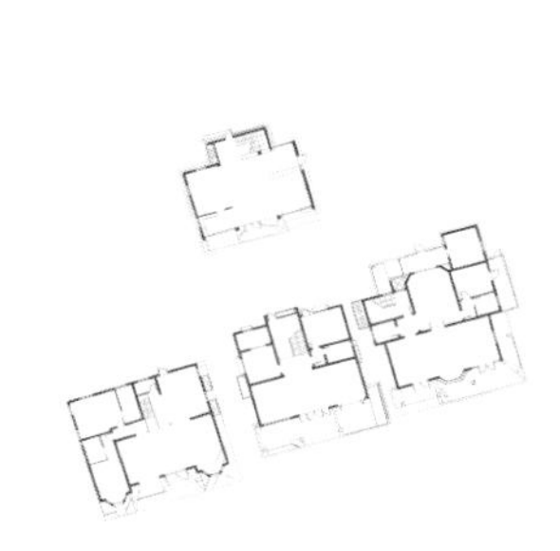
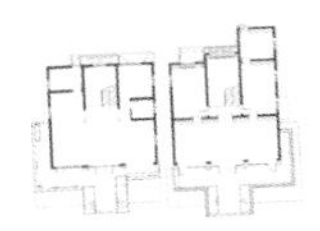
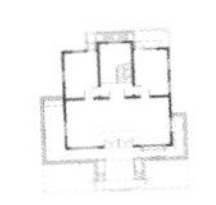
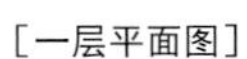

[一层平面图]

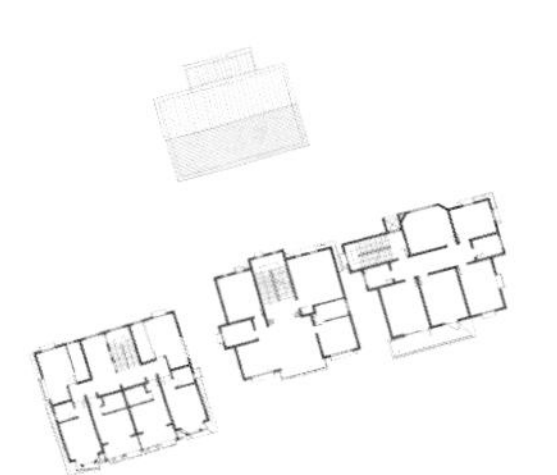
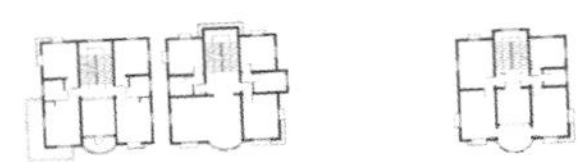
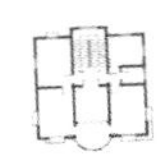
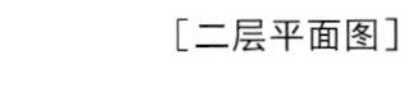

[二层平面图]

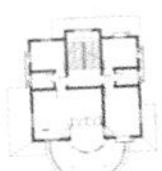

[三层平面图]

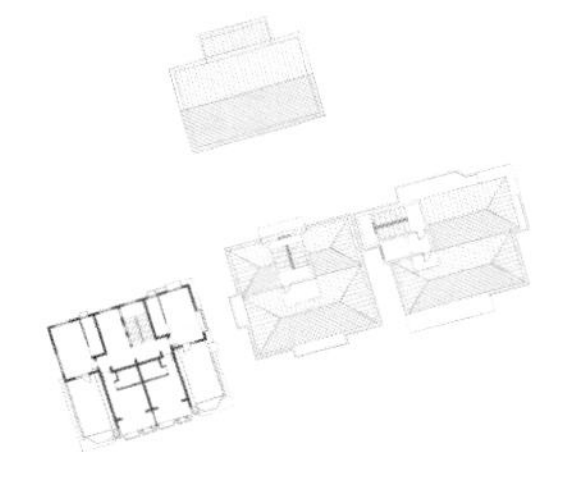
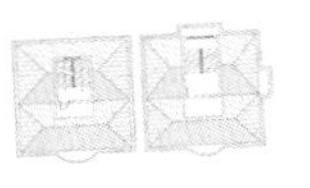

[四层平面图]

05

06

07

08

01/02/03/ 干净简洁的立面装饰

04/ 建筑立面与周边环境和谐统一

05/07/ 造型松与建筑

06/08/ 建筑与花园

窗洞、门廊与植物的故事

不论人们是在花园里，还是在建筑的任何角落，都有和自然亲近的机会，或倚靠于休闲沙发上在廊下晒太阳，或盘坐在凸窗上翻阅书籍，或置身于阳台上打理花草，在这里，你可以全身心地感受大自然的美好。

01

02

03

04

01/04/ 通透的玻璃窗连接室内外景观
02/ 门廊
03/ 窗口的小花园
05/06/ 大理石材质的吧台
07/08/09/ 楼梯空间
10/ 水吧台
11/ 装饰细节

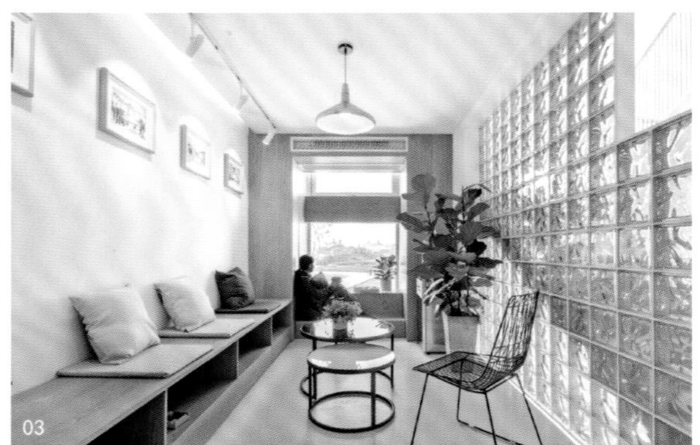

03

04

05

06

07

08

10

09

01/03/ 玻璃砖材质的景墙　06/ 客厅
02/ 楼梯转角的装饰细节　07/08/ 卧室
04/05/ 公共休闲活动区　09/10/ 休憩区

陆宅

项目名称：陆宅
项目地址：上海市崇明区
建筑面积：320 平方米
建筑设计：ams 元秀万建筑事务所
设计团队：元秀万、邹赫、王庆瑞
摄　　影：吕晓斌

陆宅是元秀万为在上海居住的三口之家设计的周末住宅，建造在上海崇明岛上。老房子是 20 世纪 80 年代的建筑，项目需要把原建筑拆除后原地新建。根据老房屋的体量和面积，结合当地规定房屋首层要控制在 190 平方米以内，楼房是二层半的坡顶结构，辅房是一层建筑，面积 60 平方米。

01/ 建筑实景
02/ 基地区位鸟瞰
03/ 建筑鸟瞰
04/ 从邻里田地看建筑

05/ 傍晚时的建筑效果
06/从邻里看建筑外观
07/建筑远观
08/ 外立面透视效果

04

05

06

07

08

老房屋的结构是这个岛上住宅空间的样板，这也是以前国内民宅的普遍特点，主要满足吃和住两个最基本的功能。

01/ 在庭院里看建筑

02/03/ 傍晚时的建筑效果

04/ 建筑一角

05/ 傍晚时建筑正面效果

06/傍晚时建筑透视

07/08/云平台与建筑

09/ 外立面透视效果

10/ 建筑西立面

06

07

08

09

10

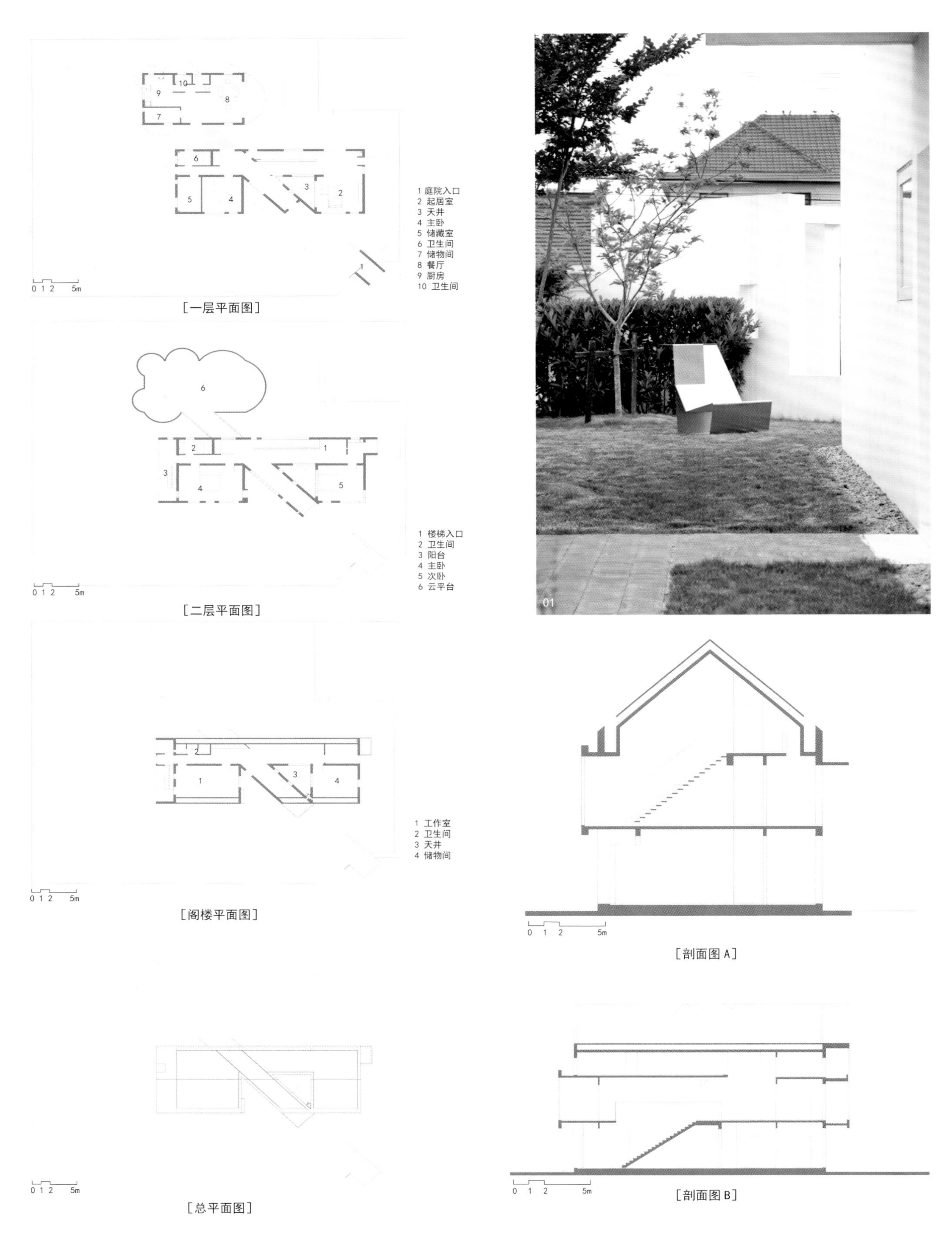

[一层平面图]

[二层平面图]

[阁楼平面图]

[总平面图]

[剖面图 A]

[剖面图 B]

宅基地的面积大约在 1 000 平方米，东面是一条宅间道路，它可以一直穿过苗圃，西面是河道和树木，建筑每个方向都具有独特的风景线。

大门设置在东南方向道路交叉口，避免了与紧张的道路正面冲突，避免了和邻里建筑过近的视觉干扰。这条刻意拉长的动线以大门为起点，与和道路平行的主楼建筑形成 45° 角。次入口设置在主楼的东面，这条次动线一直向西，与分割内外庭院的主动线交汇。

01/ 情椅

02 建筑透视效果

03/04/05/ 建筑入口

01

03

04

建筑围绕整个居住空间向内外庭院展开，内庭院临北是客厅，北侧是过道和通向二层的楼梯，外庭院的临西一层是卧室，二层则是主卧室，三层是工作室兼多功能室。

主卧室和工作室通过向外挑出的两层通高空间设置的景观楼梯连接，往返于两个空间时可以浏览户外风景。

内外庭院通过 45° 轴线的门厅过道联系，高低窗洞的开设将它们之间的界限模糊，向场外开启的落地窗将室外景观引入室内，家与自然融为一体。

01/02/03 客厅

04/ 客厅、内庭院向外庭院延伸

05/ 内天井

06/ 餐厅

07/ 辅房与主楼过道

08/ 厨房

09/ 餐厅入口

01

02

04

05

06

09

10

11

化繁为简，纯白色的方块住宅在田间化身为一道亮丽的风景线。

01/ 楼梯局部

02/03/ 二楼东西轴线走廊

04/05/ 次卧

06/从餐厅看厨房

07/08/09/工作室兼多功能室

10/ 外立面透视效果

11/ 西面观景阳台

上海奉贤南宋村宋宅

项目名称：上海奉贤南宋村宋宅
项目地址：上海市奉贤区
建筑面积：280 平方米
建筑设计：张雷联合建筑事务所
项目造价：100 万元
摄　　影：姚力、马海依

文明的进步和人类的幸福指数并非简单的正比关系。上海作为中国 GDP（国民生产总值）最高的城市，也是闻名世界的国际大都市，其城市及郊区的乡村同样面临各自的困境和冲突。在城市打拼的普通市民努力工作的回报并不能完全化解现实的压力。乡村中人居环境的衰落也在同时发生。

故事的缘起是委托人老宋在奉贤乡下有一座年久失修的老屋，他有需要照料的老母亲，还有辛苦工作的孝顺女儿，在上海城区的住所难以给老人提供舒适独立的居住条件，老人也完全不能适应上海顶层阁楼的蜗居生活。

老宋夫妻的梦想是退休后从上海城区回到家乡奉贤南宋村，将老家的危房拆除重建，造一栋适合老年人使用、全家老少都喜欢的新房子，以更好地照顾自己已经 82 岁的老母亲。为了帮助在上海的女儿、女婿安心工作、减缓生活压力，老宋和太太商量邀请身体不太好的亲家夫妇一起回奉贤，方便互相照应抱团养老。为此，作为工薪阶层的一大家子几乎动用了所有积蓄，这栋房子也凝聚了他们一家老少四代八口人对未来田园生活的美好想象和热切期盼。

房屋居住情况

常住人口5人。
周末节假日回家3人。
委托人老宋：55岁，电工，身体健康。
委托人夫人：53岁，退休，身体健康。
老母亲：82岁，农民，有农保，患心脏病，时常头晕，行动不便，有听力障碍，不识字，不会讲普通话。
亲家公：68岁，退休，身体不好，经历过2次大手术，有时需要用轮椅。
亲家母：66岁，退休，患腰椎、颈椎疾病，神经衰弱，睡眠质量不佳。
女儿：31岁，公务员。
女婿：36岁，在通信行业工作。
外孙女：5岁。

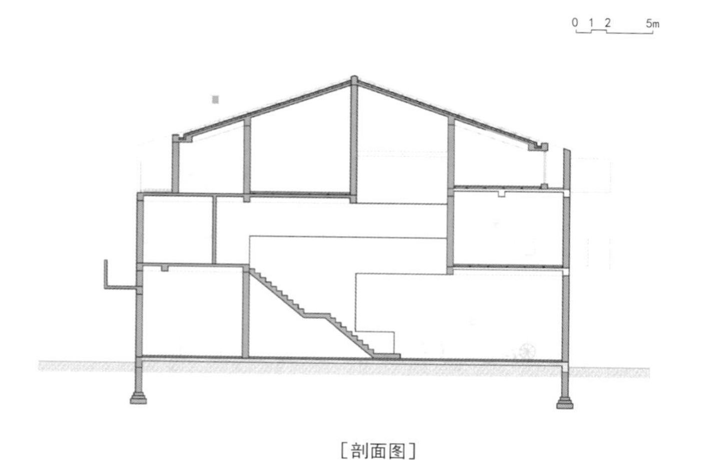

[剖面图]

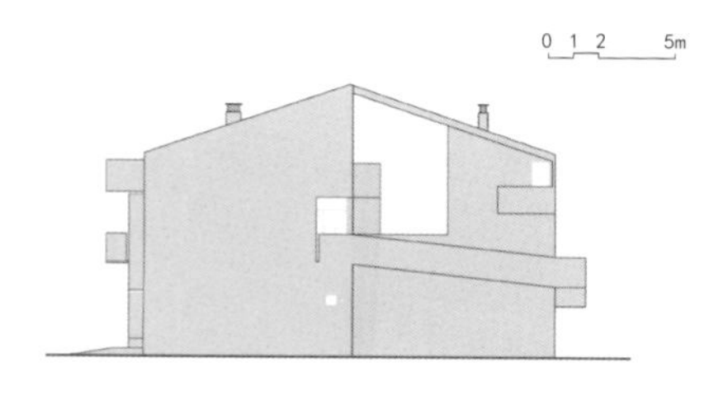

[东立面图]

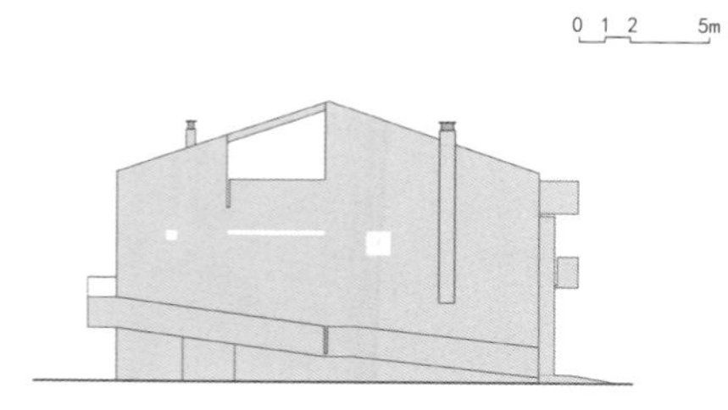

[西立面图]

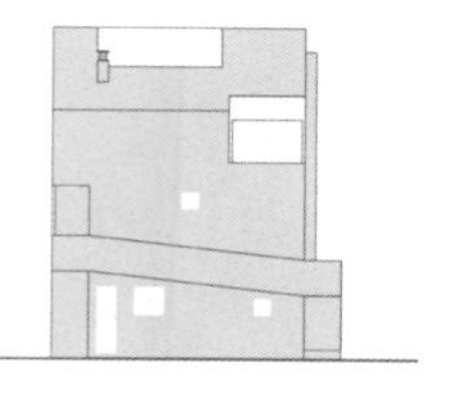

[北立面图]

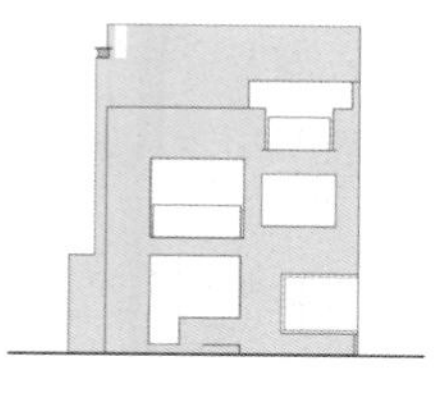

[南立面图]

用地范围及建造面积

项目用地范围为原有宅基地，审批通过的自建房建筑占地面积 104 平方米，两层总面积 208 平方米（实际建造时可不超过 213 平方米）。

当地建房规则

建筑限高：2 层建筑层高限定为 6.7 米，檐口标高 8.0 米，屋脊标高为 8.0 米 + 房屋进深的 1/4。

不计面积部分：2 层以上，阳台（出挑不大于 1.5 米）、飘窗（出挑不大于 0.6 米）、楼梯平台（出挑不大于 1.0 米）不计入建筑面积。

设计延续奉贤当地新民居二开间朝南的空间格局，在规则方正的建筑中心运用新民居不常用的天井，形成空间和生活的中心。五个有确定使用对象的卧室和不同尺度的公共空间围绕天井布局，形成独立性、私密性和公共性交织互联、兼具仪式感和归宿感的家。

一层起居室和老太太卧室朝南，卧室内仍然使用老太太以前用的雕花木床等老家具，老太太卧室也是全家温馨生活记忆的场所，是讲故事的地方。卧室旁边布置卫生间，放大的淋浴间可同时供二人使用，方便家人帮助老人洗浴。起居室是全家一起日常使用和待客的地方，壁炉是起居室的中心，冬季寒夜家人们围炉夜话，其乐融融。

穿过房子中心的天井，北侧是餐厅和厨房。开放厨房和餐厅是一个大空间，是大家一起做家务、聊天、聚餐的地方。根据业主的要求，厨房设置了煤气灶和土灶二套灶具，不会用煤气灶的老太太也能自己做饭。壁炉和土灶可实现两种生活方式的快速切换。

天井是建筑的中心，它是精神性的，站在天井中间地面上镶嵌的不锈钢“宋”字上，老宋会强烈地感受到属于他们家的一方天地。天井也是功能性的，建筑北侧的房间都能朝南向通风采光，这里也是一家人户外活动、晾衣休憩的日常场所。

01/ 南立面及邻居新房
02/ 西面鸟瞰
03/ 西北面鸟瞰
04/ 正面全村鸟瞰
05/ 西立面晨景
06/ 晨雾中的宋宅

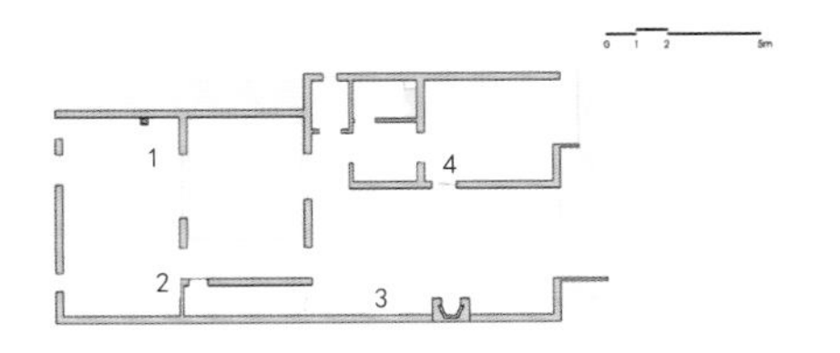

［一层平面图］

1 土灶　2 餐厅　3 起居室　4 老奶奶卧室

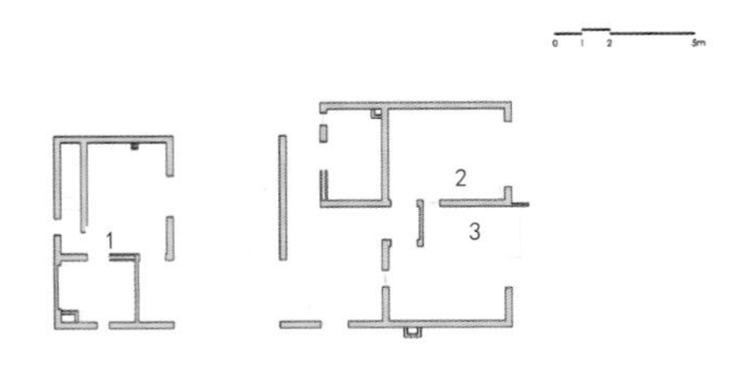

［二层平面图］

1 女儿、女婿卧室 2 老宋夫妇卧室　3 亲家卧室

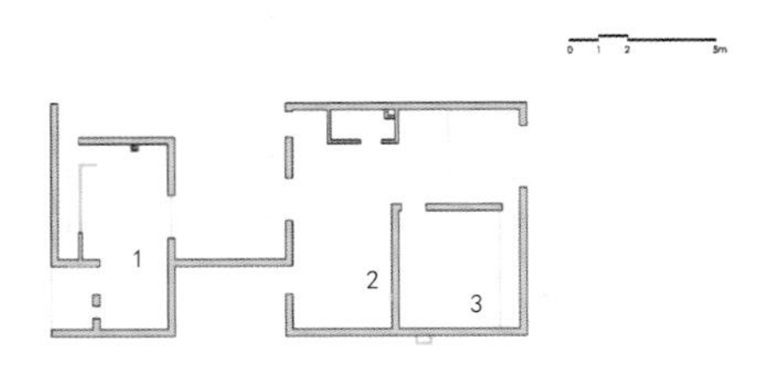

［三层平面图］

1 外孙女卧室　2 乒乓室　3 影音室

建筑二层南侧是两间相邻、朝南的卧室，供委托人老宋和亲家两对夫妻使用，方便身体健康的委托人夫妇照应身体不太好的亲家夫妻。两间卧室连着开放的家庭室，亲家们不用下楼就可以在这里休憩聊天。从一楼大门旁边起步环绕建筑设置的坡道也在这里从室外进入室内，方便轮椅上下。家庭室旁边的无障碍卫生间可供轮椅进出，一对亲家相互照应使用。二楼北侧是老宋女儿、女婿的卧室，年轻人节假日回来需要有自己相对独立的空间，方便回家看望、陪伴和照顾老人时使用。

01/ 建筑东立面

02/ 早晨的建筑西北面

03/ 东立面人视角度

04/ 东立面局部

05/ 西立面局部

03

一层的起居室、餐厅和天井，二层的家庭室和外挑阳台，三层的活动室和大露台，这些建筑丰富的多层次室内外公共空间通过室内和庭院中间两个楼梯串联，是营造家庭归属感的重要场所和催化剂，而老人之间，特别是老年人和年轻人及小朋友之间的日常交流互动是老年人保持正常思维能力、促进身心健康的重要因素。适老性住宅除了在功能上要满足老年生活的需求，让他们感觉用起来很方便、很舒服外，还需要得到喜欢，年轻人带着孩子多回来陪伴，才是老人最开心的事情。

设计在一层老太太卧室和起居室之间，二层亲家卧室之间及卧室和家庭室之间均设置了观察窗，既可以从公共空间方便观察老人的活动状态，老人也可以在卧室感受家庭活动的氛围。一楼和二楼楼梯间及走廊拐角处装有反射镜，公共空间尽量不留死角，方便老人、孩子彼此观察照应，年轻人也很乐意对着镜子自拍美照，开心分享。

04

05

三层合理利用当地建房规则，通过天井扩大了房屋进深、加大了坡屋顶下面的空间高度，坡屋顶下的空间绝大部分都能正常使用，南面布置成影音室和活动室，还设计了南向的大露台，可远眺周边田园风光。三层北面是外孙女的卧室和活动室，和二层爸爸、妈妈的卧室形成有趣的楼中楼跃层结构，爸妈卧室有单独的小楼梯通到上面，自成一小天地。相对独立、现代和趣味性的空间设置使得年轻一代更加乐意经常自己或带亲朋好友回家相聚。

老宋亲家夫妇有时候会使用轮椅，他们目前在上海的小区没有电梯，很少能下楼活动。坡道的设置主要是满足轮椅上下的需求，方便老人适当进行户外活动，感受建筑周边的田园风光，接触自然邻里。坡道提供了另外一条感知建筑空间的路径，设计创造的大量半户外和户外场所具有丰富的游逛性和体验性。

屋后不大的庭院里仍然留出了五陇菜地，是老太太日常劳作的私人菜园，竹篱笆围出的半户外辅房给屋外清洗提供了便利条件，也用于放置日常使用的农具。

绿水、青山、粉墙、田园是秀美江南典型的动人画面，方案阶段的设计构想是采用白水泥清水混凝土墙面，表现建筑纯净的肌理，成为绿色田园中浪漫的养老居所。由于造价及工期原因，实际建造改为砖混结构，老宋家的老房子外墙和地面使用了水泥砂浆，我们希望白水泥饰面的策略能够有效回应熟悉的文脉环境。

城乡一体、乡村振兴的时代使命无法一蹴而就，然而对于家住上海城区的老宋，一个简单的、追求幸福生活的愿望正在实现，成为时代大潮的一分子。年轻人在市区勉力工作、安居乐业，50 千米之外，老年人在奉贤老家老有所养，情有所依。一个大家庭的亲密血缘关系，将城乡空间紧密地联系在一起。

01/ 起居室

02/ 卧室的观察窗

03/ 通向二层的楼梯

04/ 楼梯看二层家庭室

05/ 二层楼梯及天光

06/ 墙上的反射镜

07/ 二层家庭室一角

04

05

06

07

面向田野的住宅

项目名称：面向田野的住宅
项目地址：上海市
建筑面积：230 平方米
建筑设计：上海空格建筑设计咨询有限公司
建 筑 师：高亦陶、顾云端
摄　　影：值更

缘起：由不确定性引发的思考

这几年乡建的话题在政策和资本的引导下，已经成为中国建筑设计界不可或缺的热门话题。设计师始终认为，场所和人之间的关系极其重要，如果无法精确地定义场所中人的生活、行为、动线，设计前期因不确定性的研究生成的多种空间形态，在最终的方案里则会被动形成一部分多义性空间。在城市脉络中做设计，这种不确定性普遍存在，甚至项目在建成之后要面对功能变动的问题。很大程度上，这是由资本、市场、政策、业态等外部条件的变动导致的。和大部分城市项目一样，典型乡建项目无法逃脱外部条件带来的“不确定性”。

带着这些思考，设计团队在2019年完成了一次“非典型性”的乡建住宅项目。业主是一对年逾六十的本地夫妇，他们的房子是三十多年前修建的，几年前已经被政府部门鉴定为危房。业主决定在原有的宅基地上重修一座新的自宅，作为夫妇二人自住养老的归所，也可以让在市里生活的子女偶尔回家小住。因为业主完全没有任何商业化的考虑，设计的价值完全体现在使用者的体验之上。在与业主进行沟通之后，设计团队决定为业主设计一处浸于日常生活的、反乌托邦的家。

总体策略：回应乡村的“两套规则”

［总平面图］

项目位于上海郊区，基地东西紧临其他村宅，南面为开阔的农田景观，北侧靠近道路。原来的房子和村子里大部分自建房的形式比较接近，主房部分为两层，辅助用房与主房共用山墙，只有一层，主辅用房都是双坡屋顶。

在深入调研之前，设计师认为江浙一带农村自建房千篇一律的原因是业主对设计的重视程度不够，在有限的造价和建造技术限制下，只能采取一样的形制来得到更多的房间和面积，美学追求甚至不在考虑的范围。而事实上，自建房的设计要求是一个系统化的决策，设计规范对方案的影响甚至超过了造价、技术和审美。

乡村私宅的设计需要面对两套规则的限制：一是农村自建房管理规定，比如屋脊、檐口高度必须统一，住宅面积和宅基地面积等数据也有明文限定；二是当地约定俗成的“规矩”，比如阳台露台不计入房屋面积，南北房屋靠马路一侧的山墙要对齐，房屋的南立面不能比西边邻屋的北立面更靠南、山墙上不能做拱形窗户等。设计规范和当地规矩这两套规则共同作用，生成了现代村落的肌理，清晰地定义了建筑的总体尺寸和形式。

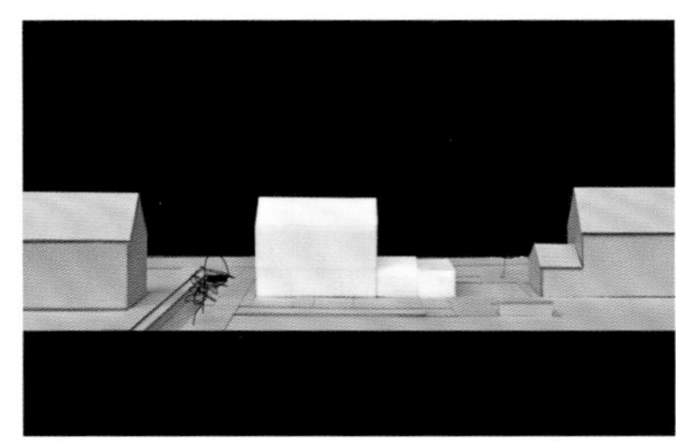

［原房屋体量］

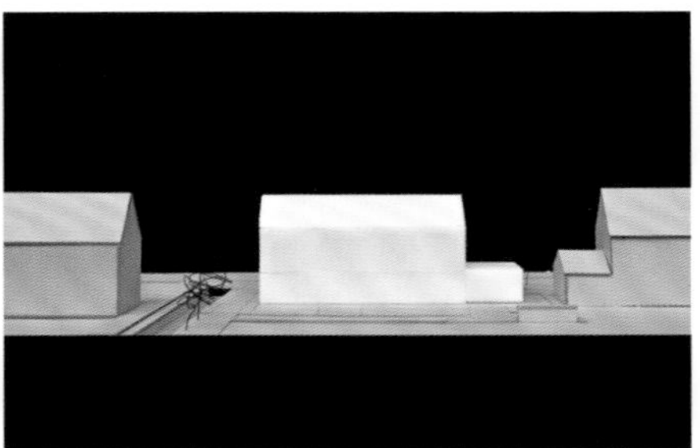

［体量拉长］

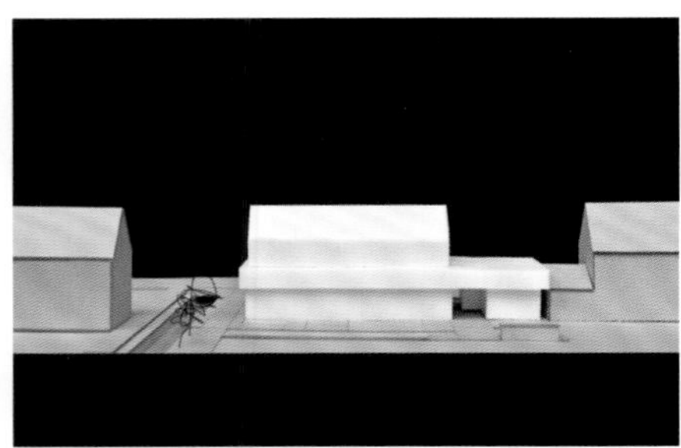

［加阳台强调水平性］

设计团队决定采用低调的姿态让方案积极地融入当地的乡村肌理。通过对两套规则的分析和深入当地的调研，设计方案自然呈现为一个南北向双坡双层的矩形体量，在保持面积不超出规范的情况下，面宽被拉长，南向景观和采光面相应增加。在房子的南侧靠近田野的部分保留了室外菜园和晒场，建筑设计中则强化江南建筑中挑檐的语言与低缓的水平线相结合，利用宜人的尺度统一景观与建筑两个部分。

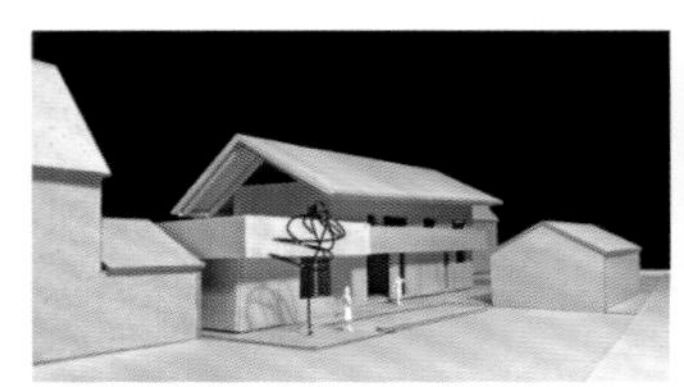

［建筑模型推演］

01/ 原房屋，已拆除

02/ 露台

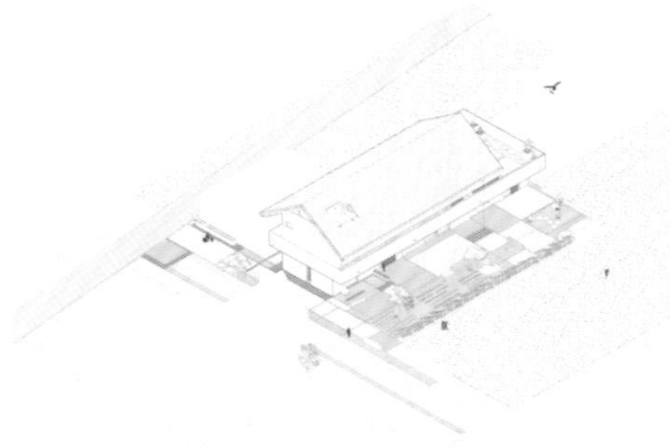

[轴测图]

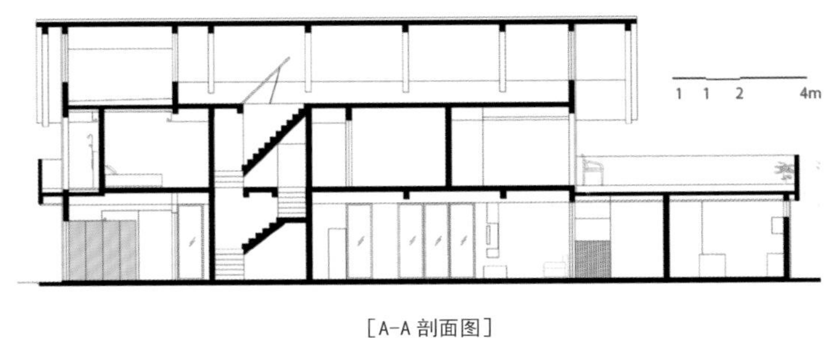

[A-A 剖面图]

空间逻辑：公共/共有/私有

在法语中，“公共”的意思是执政者创造出的空间，共有则是人们自己创造出的空间。在空间排布方面，设计团队强调了室内空间和室外景观之间相互观照的高度互访性，将建筑的公共、共有、私有空间三个部分整合并加以区分。满足业主夫妻日常生活和邻里交往的需求成为室内空间排布的关键。

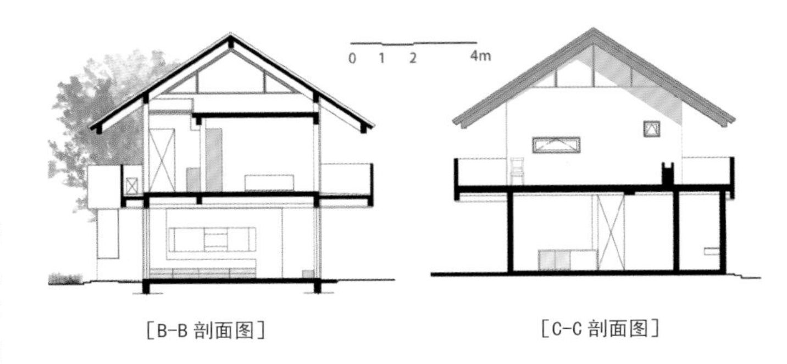

[B-B 剖面图]

[C-C 剖面图]

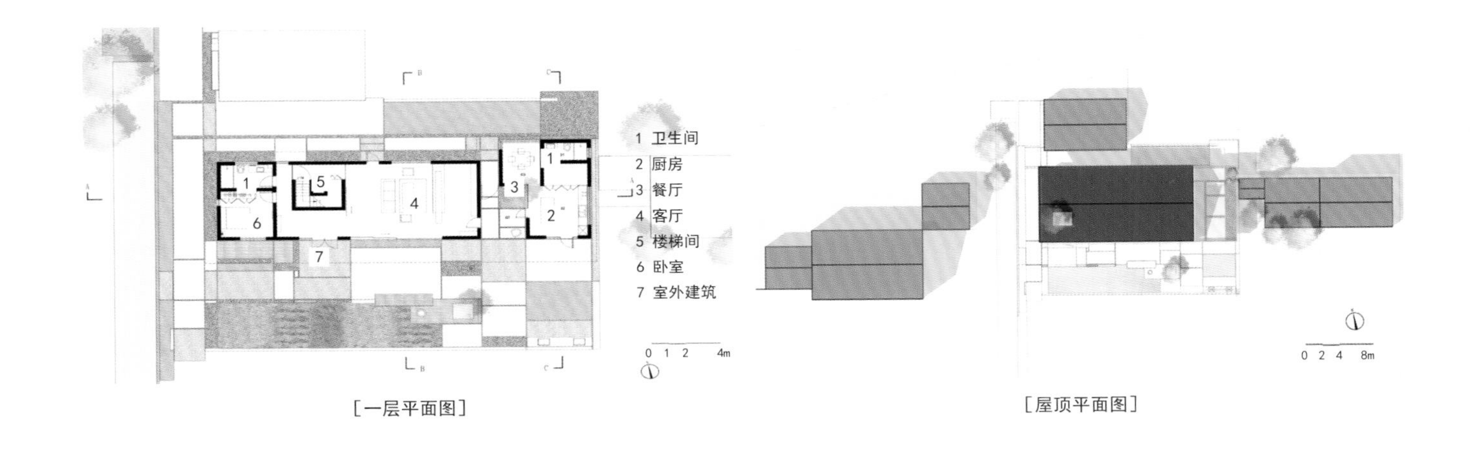

［一层平面图］　　［屋顶平面图］

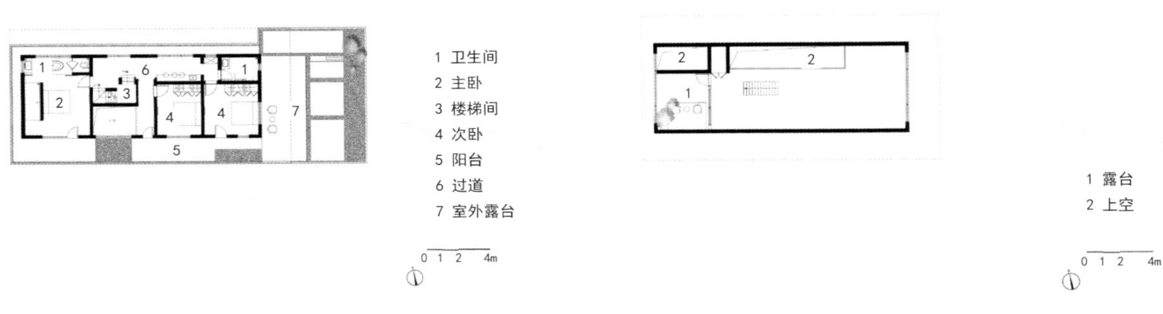

［二层平面图］　　［阁楼平面图］

01

02

03

一层南边的院子按照业主的习惯保留了菜地，并在一侧重新设计了宽大的洗涤槽，平日里洗菜刷碗、种地取水等都可以在户外完成。建筑师在院子的边界设计了一些简单的体块来限定场地，不需要晾晒作物和被褥的时候，这里可以成为邻里相聚休闲的场所。

村子里的流动人口比例远比城市里低，人与人之间的关系更加紧密。设计团队为业主和邻居设计了客厅、厨房、餐厅等一系列共有空间。客厅的概念在这里被无限放大，位于一层的菜地、晒场、厨房、餐厅都可以是邻居相聚聊天的地点。从院子里的菜地拔出带着泥土的萝卜，就在菜地边冲洗干净，过路的邻居在院子门口寒暄几句，便搬张凳子坐下来开始聊天。天气好的时节，相熟的邻居一起在院子里洗洗涮涮、杀鸡杀鱼。平日里做饭的时候，来串门的邻居和主人同时待在厨房里，不时下到菜地里取来新鲜蔬菜，也可以在院子里的大水池旁聊着家长里短。

04

05

06

07 08

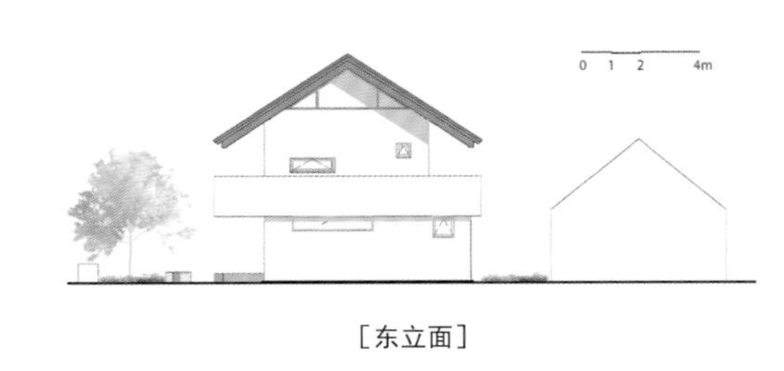
［东立面］

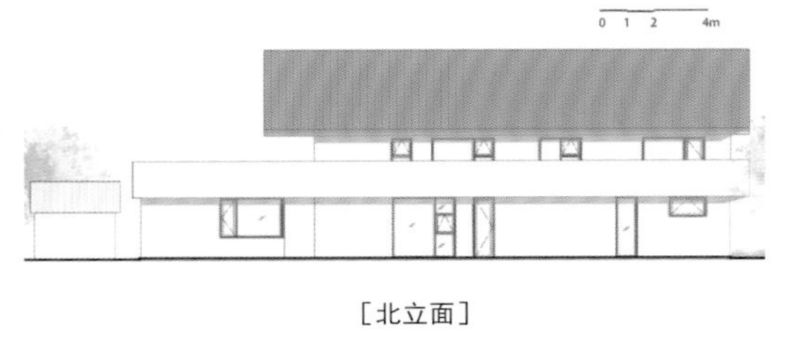
［北立面］

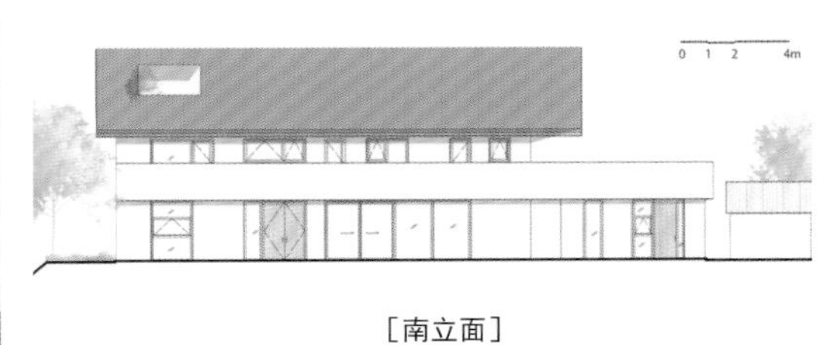
［南立面］

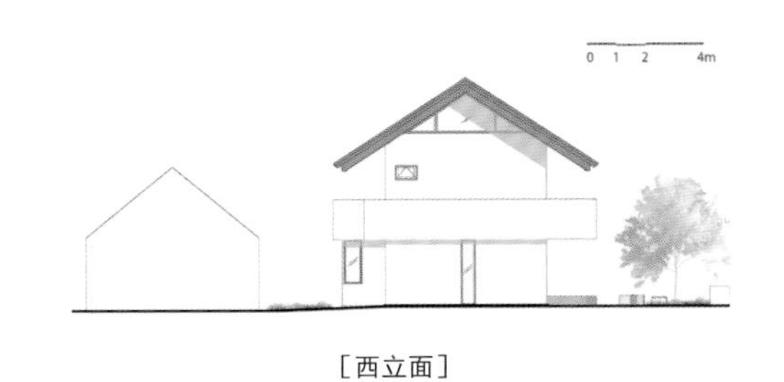
［西立面］

01/02/05/06/ 住宅西立面
03/ 住宅北立面
04/ 住宅前的菜地
07/ 门前的休憩平台
08/ 景观细部

江浙一带的农村住宅依然保留着传统民居的布局逻辑：正厅或堂屋的中央空间是神格空间，每逢重要节日需要承担祭祖、宴会等功能，其他房间都围绕着堂屋这个精神性的空间展开。堂屋既是家庭生活的中心，亦是室内外联系的节点。在这次设计中，堂屋的概念与客厅重叠，形成一个可变空间。

01/ 客厅
02/ 祭祖的神格空间
03/ 玄关
04/06/ 厨房
05/ 上下通透的门厅
07/08/09/ 半通透的木格栅门

乡村住宅的整个一层几乎可以与邻居共享。设计团队希望在设计的节点空间充分还原江南建筑室内外交融的特点，所以除了厨房、餐厅这部分辅助用房，主房的玄关与客厅的交接处设计了移门，玄关也可以作为打麻将或会客的独立空间。设计师在楼梯处设计了半通透的木格栅门，作为进入二楼的提示，也是共有空间和私人空间的分隔。

细节落实：两代人的生活

二楼主要是业主和儿女的卧室，以及供家庭成员偶尔交流休闲的角落。二楼的空间排布以功能和效率为出发点，利用走廊串联各个卧室、洗手间。我们在走廊挑空处设计了一个简单的水吧，将“共有”的概念从一楼玄关延伸到二楼，也消解了走廊作为纯粹交通空间的用途。

业主的女儿平时在上海工作生活，希望回到远郊父母家中享受乡村生活的悠闲，但同时也需要私密感。客卧和客卫被整合为一个完整空间，充分考虑视野和采光的需求。除了马桶之外，洗手间的各项功能都以开放的姿态存在，室内和家具更加强调原木带来的温暖和放松的气氛。

我们希望习惯了现代生活的年轻一代可以在这里充分享受回归田野的自由感，在自然中感受时间的印记。

01/ 二楼过道空间

02/03/ 阁楼

04/ 卧室

05/ 浴室

06/09/ 露台

07/08/ 露台上的绿植

10/ 坡屋顶吊灯细部

07

08

09

10

二楼的阳台和露台是二楼室内空间向外的延伸，业主偶尔可以邀请亲友进行相对私密的露天晚餐、烧烤派对，并且不会受到打扰。从远处的田野看，二楼的室外空间与一楼在视线上的联系很紧密，但又保留了一些距离。

阁楼处在住宅最私密的部分，是完整的私人空间，由多功能活动室、储藏室和一个很小的屋顶户外花园组成。小花园位于坡屋顶最高的山花部分，在坡屋顶开洞，化解了层高的限制。除了提升阁楼的采光和通风条件外，私密的阁楼花园还可以为偶尔回来小住的女儿提供一片瞭望、思考、冥想的私密天地。

大团别墅设计

项目名称：大团别墅
项目地址：上海市
建筑面积：320 平方米
建筑设计：一岸建筑设计有限公司
摄　　影：Alessandro Wang（王闻龙）

一对年轻的夫妇在上海大团镇有处宅基地，他们希望新建一栋可周末使用的郊区住宅。周边环境是松散的田地、小河、高架路、一成片斜顶的农民房。在河对岸，地块的西南面是著名的大团桃园。

[总规划图]

丈夫是现代主义的爱好者，第一天见面他就能引出柯布西耶的名句——“房屋是居住的机器”。

房屋的设计方案是一个现代主义的白立方盒子，与周围彩色的邻居住房形成差异。根据外部环境（南面花园，西面小河及桃园，北面田地，东面村落）以及内部的使用体量，立面上设置了不同大小的窗户。南面客厅部分开有一个大窗，入户门被处理成隐藏式的，房屋的外观是比较内向性的，但在朝向河的西面增加了一处外向的阳台。

01/ 建筑西北面　02/ 场地鸟瞰　02/ 建筑西南面

03

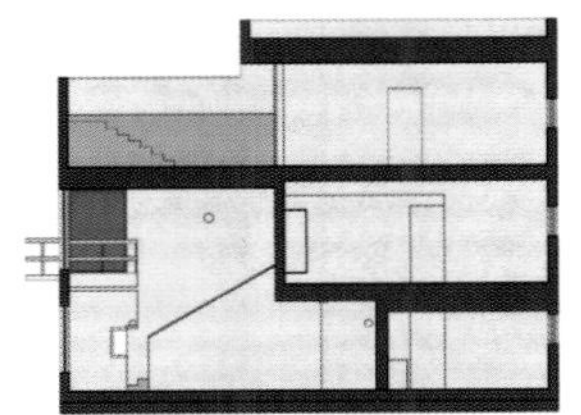

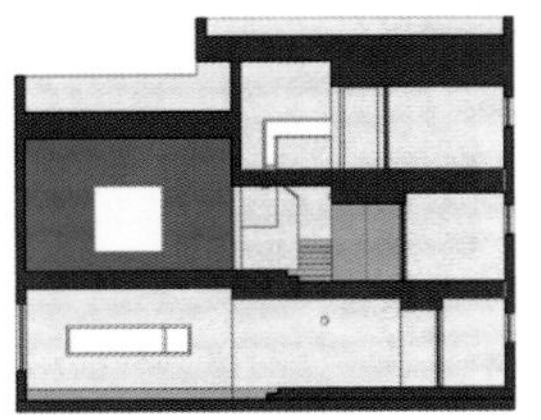

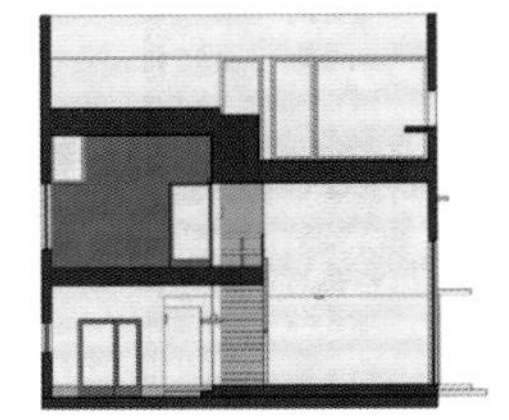

［剖面图］

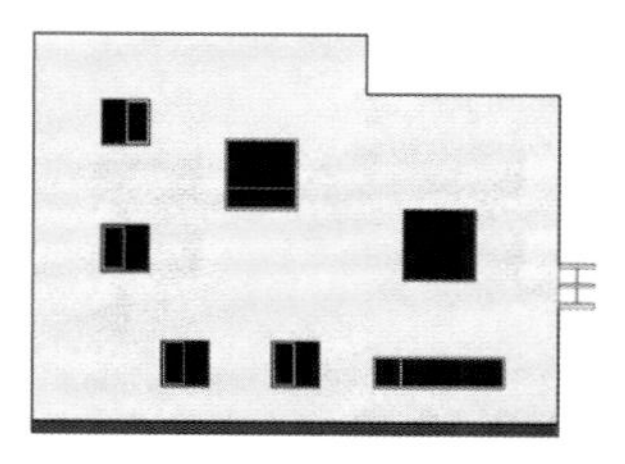

［北立面］

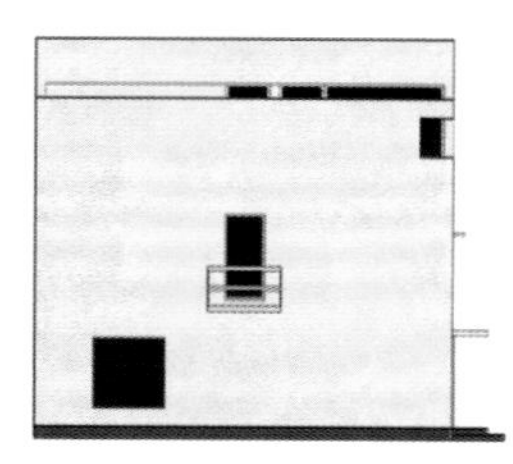

［西立面］

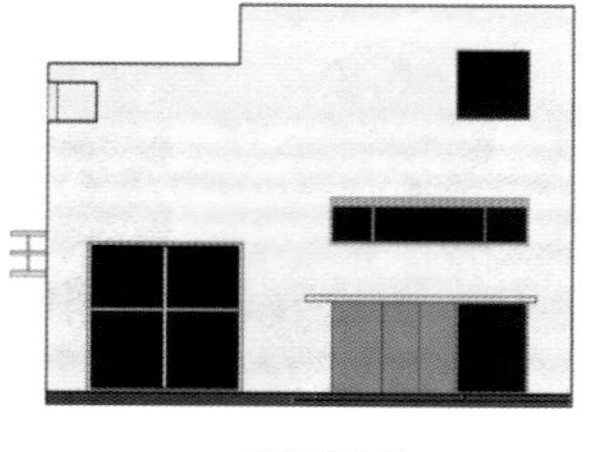

［南立面］

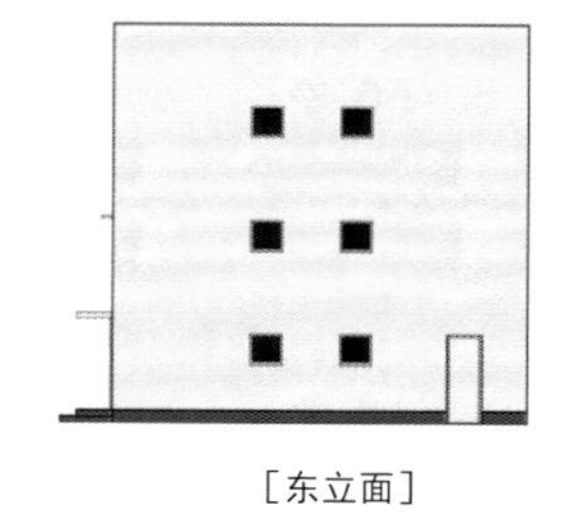

［东立面］

建筑占的地块并不大，住宅的功能要求几乎“撑满了”三层体量。设计师试图建立一种生活的舞台感并将环绕式的路径体验带入住宅设计中，形成连续且开阔的空间品质。

周末会有很多亲朋好友来家里聚会，所以在设计客厅的时候，设计师试图建立不同角度、高度的入口和视角，在这个两层通高的空间中形成一种动态的沙龙感。

01/ 建筑正西面

02/ 建筑正西面局部

03/ 一层客厅

04/ 客厅与上下空间

[一层平面图]

[二层平面图]

[三层平面图]

一层是个开放式的布置平面，人们可以环绕一圈，从三个不同的方向走向半下沉式的餐厅。

两个楼梯串联起整座建筑，一楼至二楼是一个笔直的单跑楼梯，构成了两层通高空间中的一条斜线，直接引向房屋的中心区域。

二楼的活动室有着近似于立方体的构成比例，幽暗且空旷。当窗外的景色通过北面的窗户引入室内时，经过漫反射，柔和的光影营造出安静的氛围。

二楼的另一端是子女房和客房。两个房间采用青绿色和浅蓝色的柜体，与窗外田野和天空的景色相呼应。

01/ 一层空间

02/ 厨房与餐厅

03/ 客厅吊灯局部

04/ 上下空间

05/06/ 二层至三层楼梯

07/ 二层楼梯平台

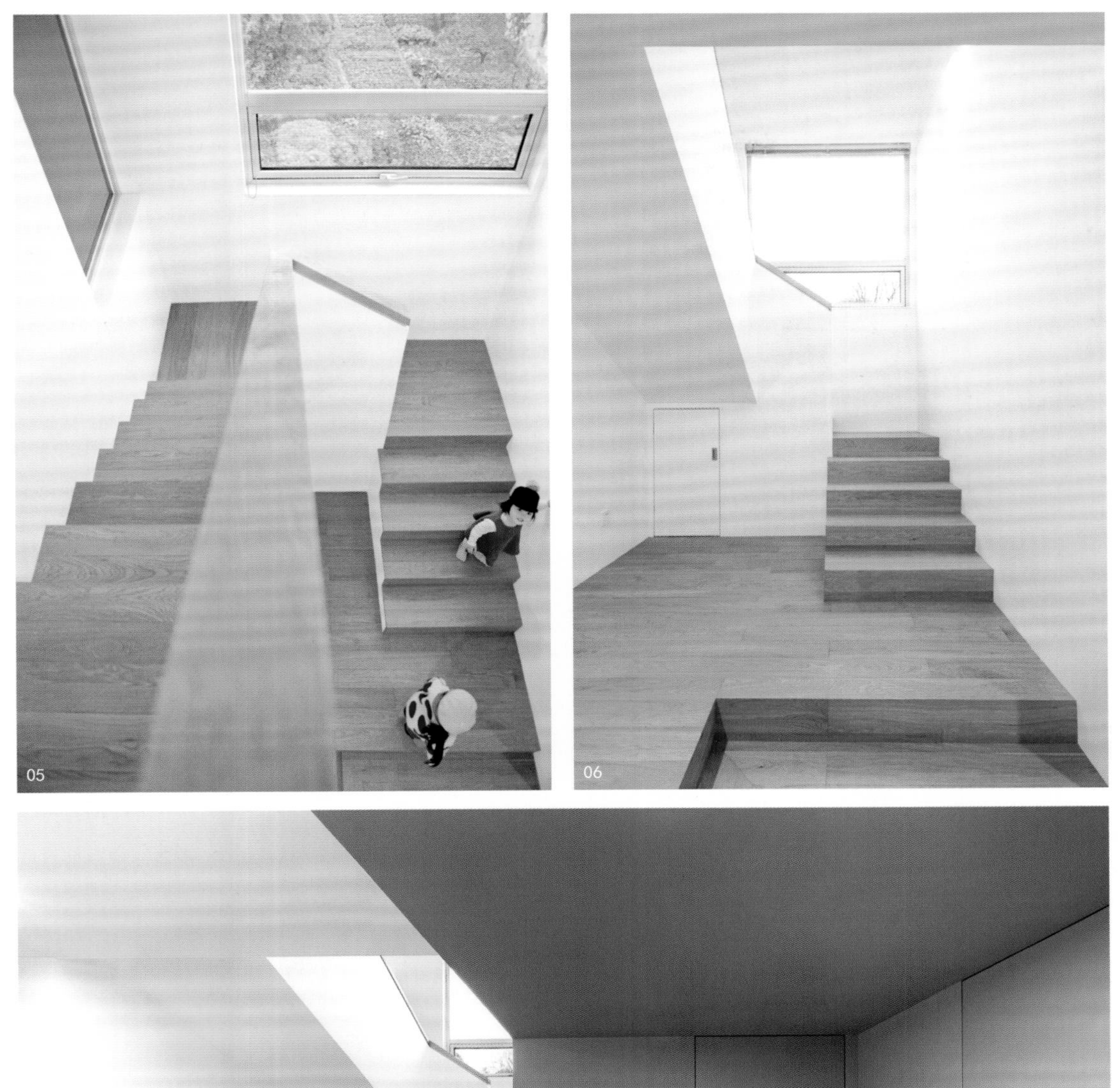

二楼至三楼是一个三折楼梯，在上楼的过程中，北面窗外农田景色会随之变换，几重转折之后便可以到达三楼空间。

01/ 二层活动室
02/ 活动室与一层客厅上方
03/04/ 二层楼梯平台
05/ 主卧露台
06/07/ 主卧露台局部

顶层是主人套房及两个不同高度的露台。卧室直接连接着一处围合的露台，围墙在角部有个小窗，框景了西南方的桃园及落日。再螺旋向上是建筑漫步的终点，从这个平台能眺望到周围全景。

06

07

沁园

项目名称：沁园
项目地址：江苏省泰州市
建筑面积：371 平方米
建筑设计：DOES 设计事务所
项目造价：250 万元
摄　　影：CreatAR Images

项目背景

“定居南美洲的甲方委托我们重建她的祖宅，老的建筑结构已破损严重，不能继续居住，她父亲生前的愿望就是重建这座祖宅。她说小时候是父亲守护着她，以后她想用这座房子守护着父亲。”

甲方常年定居国外，所以设计团队将该建筑的性质定义为度假别墅，与传统度假别墅不同的是这里增加了一个祠堂，除了用于祭祀以外，设计师将过往的老宅记忆都填充到里面，将来曾经用过的老家具和老物件会被陈列其中，所以祠堂更像一个家庭博物馆。重建后的建筑满足了居住、家族聚会以及孩子们活动的功能，设计团队的愿景是希望这是一个可以承载回忆、具有舒适的居住体验并且可以不断生长的空间。

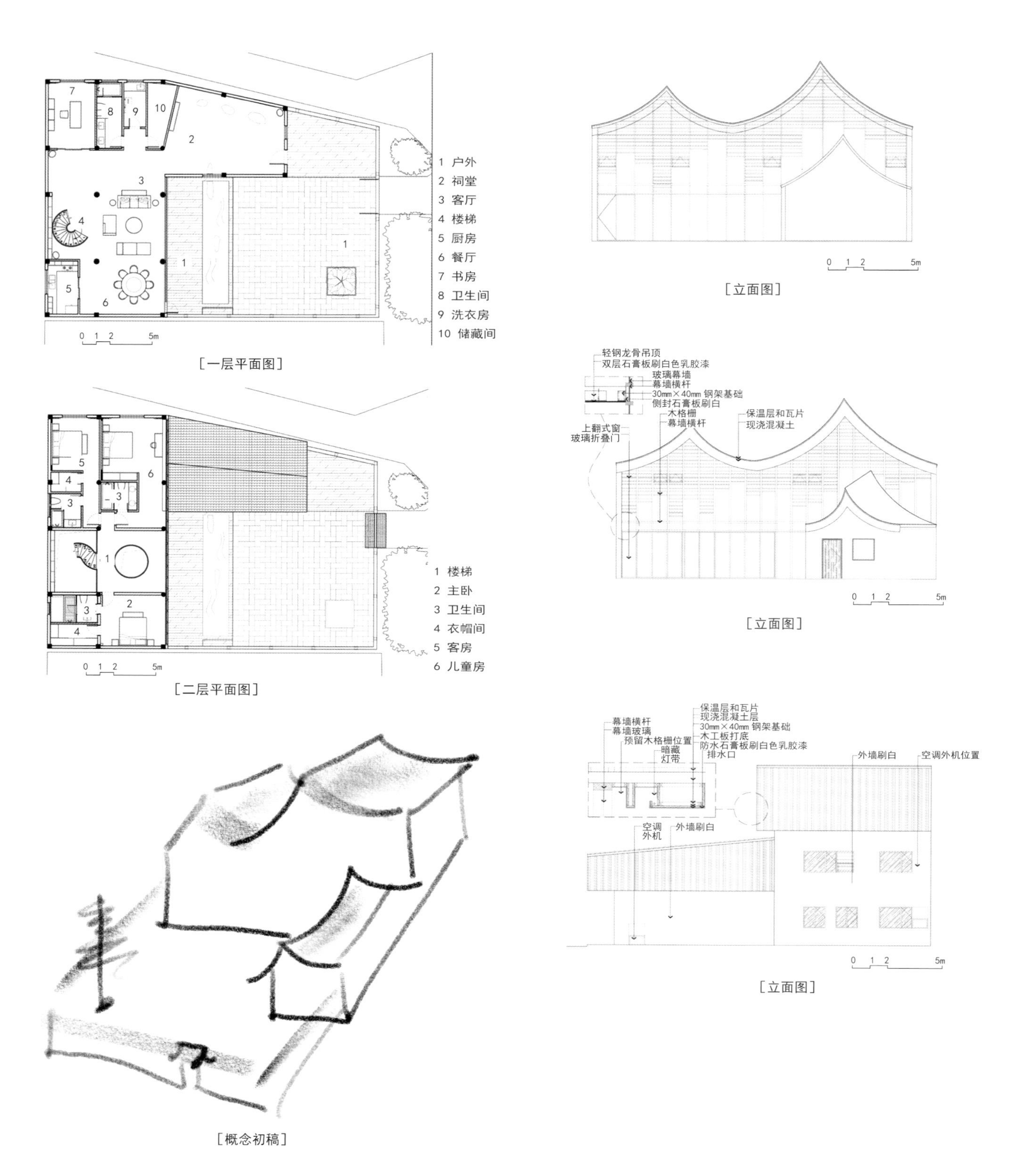

［一层平面图］

［二层平面图］

［立面图］

［立面图］

［立面图］

［概念初稿］

如果从天空俯瞰，它像三本打开的书，从正面看过去，它又像一只手的形状，高低起伏。这个灵感来自于业主本人，因为小时候是她的父亲守护着她，现在她已经长大了，希望可以去守护父亲。

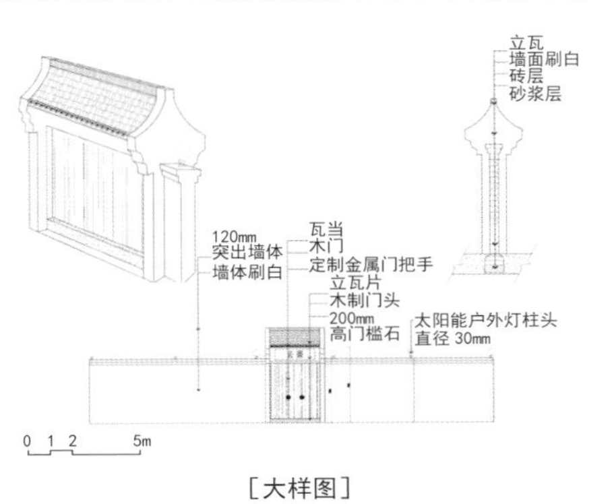

［大样图］

［大样图］

01/ 日落时自动亮起的太阳能照明系统

02/ 院门

03/ 建筑的夜景轮廓

04/ 俯瞰时建筑像三本打开的书

整个项目的设计思路是从功能出发，到建筑形态，再回到功能的这样一个过程。

建筑的轮廓创意来自于“守护”这个词，采用“手”的意象构建出建筑半围合的轮廓。房子可以分为三个体块，正房、祠堂和院子，是一个慢慢向上升起的造型。祠堂位于一进院门的右手边，面积约 49 平方米，这个空间是专门为父亲设计的。右手边放置一些老照片，在对着祠堂正门的位置有一块石头，象征着父爱如山。祠堂的最高点约 5 米，预留了给业主父亲放置牌位的地方。

院门的传统处理方式与新的建筑轮廓产生了穿越时空的对话。院墙的太阳能照明系统会在日落的时候自动亮起，仿佛在迎接归家的孩子们，又在功能上补充了村中原本不足的路面照明，为行人照亮。

设计师将一块泰山石一切为二，大的留在户外，小的放置在祠堂，同时起到了阻隔视线的屏风作用。

01/ 一块被一切为二的泰山石

02/ 泰山石起到屏风作用

03/ 建筑夜景

04/05/06 依据身高来设置的窗户

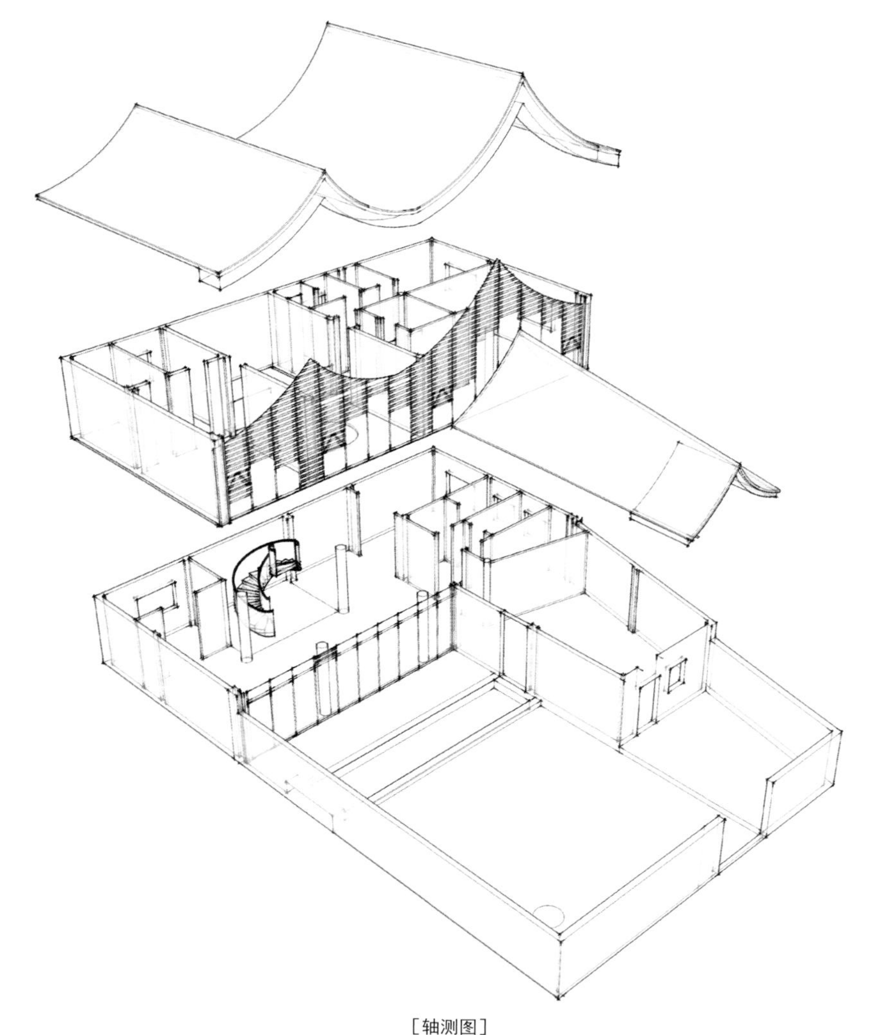

[轴测图]

04

05

06

设计师设置了三个不同高度的窗户，最矮的窗户和委托方家里的孩子一般高，中间和后面的窗户是依据女主人和她的母亲身高来设置的，希望三种不同的高差让屋内和屋外产生对话。

祠堂有一条通道可以直接进入正房。正房是一个两层半的结构，一层是一个相对开放的空间，可作为起居室、餐厅、中厨和书房。正房的二层是居住功能，设有三个卧室，因为委托方有两个孩子，最大的一间留给了孩子。上到二层之后，会看见一个挑高的圆形空间，小朋友可以从二层的圆直接看到一层的客厅，可以隔空和一层进行对话。

04

05

06

01/ 一层开放式空间

02/ 祠堂

03/ 从客厅望向院子

04/ 从客厅看向旋转楼梯

05/ 从客厅仰视中庭

06/ 旋转楼梯细部

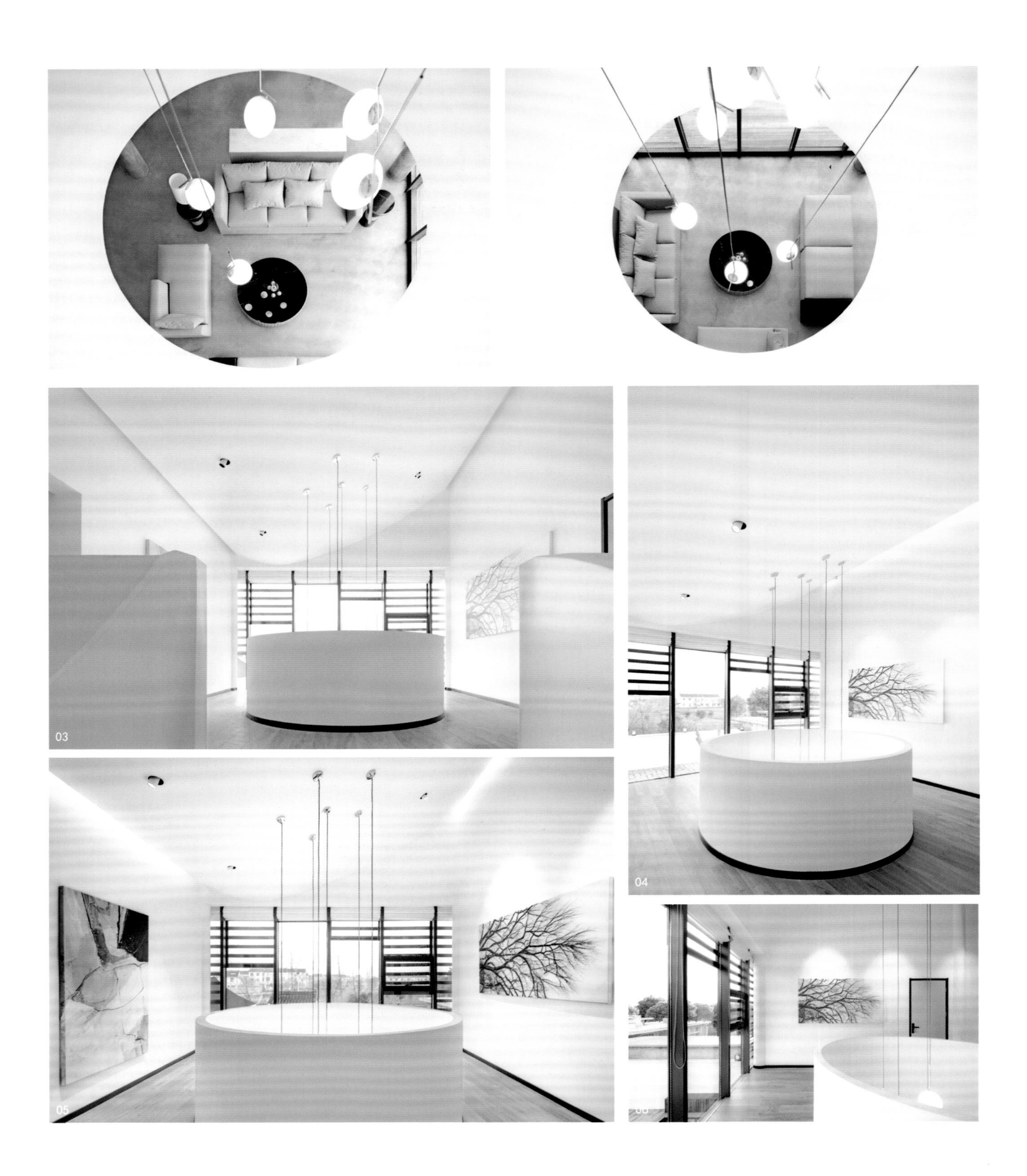
03
04
05

第一次见到这个老宅时，院子里有八棵银杏树，这些树是业主的父亲亲手栽种的，设计团队在后期的设计中保留了其中的一棵。业主父亲亲手挖的那口井也被设计师保留下来，让它成为池子的供水水源。业主的父亲安葬在祖宅附近，设计师没有去改动院门的位置。院墙上以及房子的轮廓位置都设置了太阳能灯，当夜幕降临时会自动亮起，希望父亲还能熟悉他回家的路，这对于“守护”这个词，也是一种表达方式。

2018 年春节是委托方女业主第一次回来看这个老宅，虽然只住了两三天，但是她说，这个房子完成了她的一个心愿，弥补了她对父亲的亏欠。

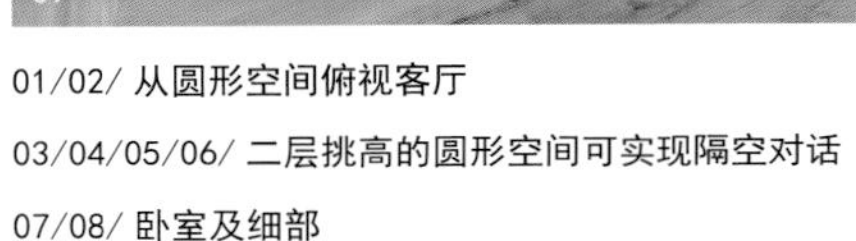

01/02/ 从圆形空间俯视客厅

03/04/05/06/ 二层挑高的圆形空间可实现隔空对话

07/08/ 卧室及细部

09/ 儿童房

10/ 卫生间

栖于山麓

项目名称：栖于山麓
项目地址：江西省赣州市
建筑面积：300 平方米
建筑设计：铭鼎空间艺术工作室
主设计师：金丰
摄　　影：欧阳云

故乡，是一个地理坐标，也是一种情感记忆。江西赣南的山间林地，寄放着本案业主的思乡情愫。在深圳打拼多年的她，期待以村野和城市之间的二重生活来缓解久居樊笼的焦躁和疲倦，于是便有了这栋白色房子。

在乡下，新房子常被当作外化的脸面，流于浮华攀比，于是许多半土不洋的欧式小楼就流行起来。而这座建筑却不然，它方正、纯白，实实在在地生于山麓。墙面上一些不规则的大大小小的窗户，让周围的人们着实奇怪了很久。

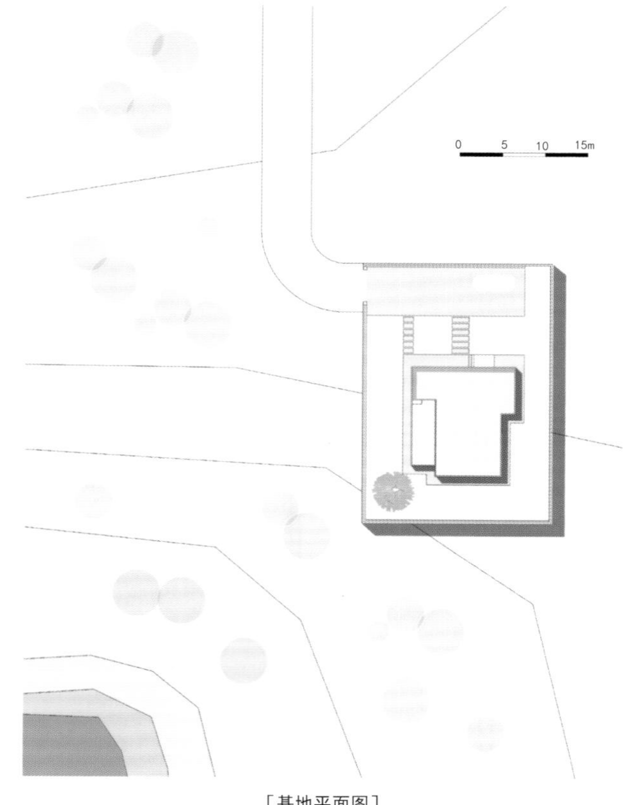

[基地平面图]

01/02/03/ 建筑外观

［一层平面图］

［二层平面图］

庭院周围寂静安宁，郁郁葱葱；山林树影与这白色和谐地呼应着。日月星辰交替，不同的光让它呈现出不同的影像。主人坐在二楼的露台上端起一杯香茶，望着满眼的绿色，悠然自得。

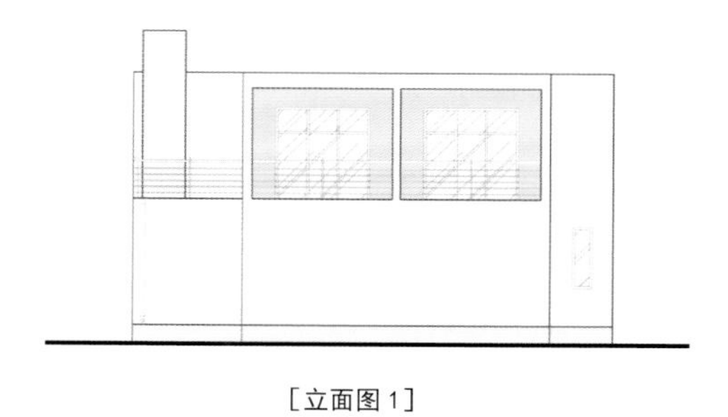

[立面图 1]

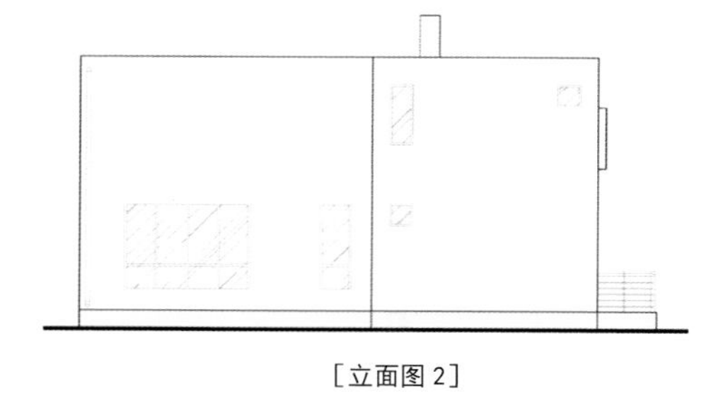

[立面图 2]

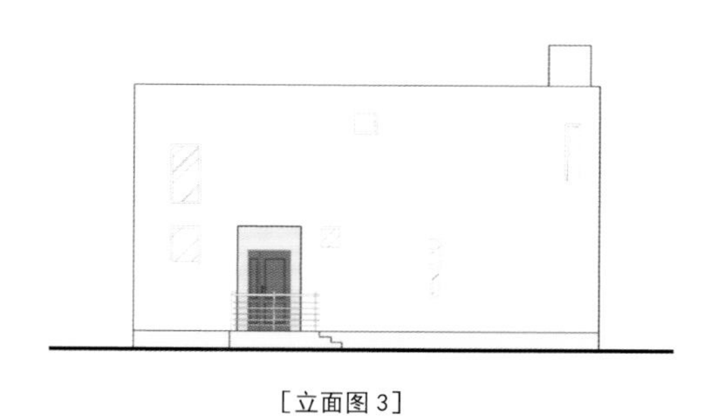

[立面图 3]

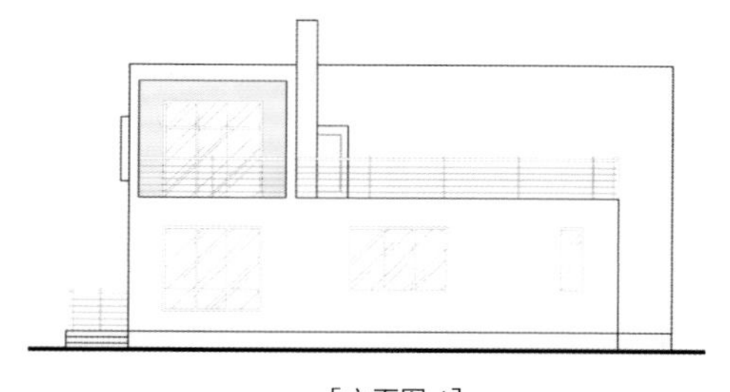

[立面图 4]

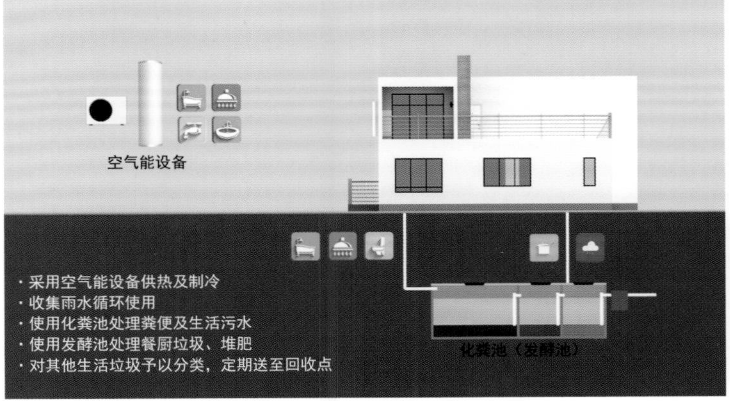

[环保分析图]

在为期一年半的建造过程中，设计团队从实地勘察、平整土地、庭院布局、结构施工直到内装陈设、细部优化等全程跟踪指导，使设计方案得以最终呈现。化粪池设施消除了乡村生活的排污尴尬，有机垃圾发酵后用作肥料亦能“反哺”菜园。质朴高效的设计理念还体现于就近取材，设计师于本地购买简单实用的建筑材料，构成在地性与现代性结合的理想之家。

01/02/03/ 建筑各个立面细节

04/ 白色院墙

05/ 白色的住宅背靠山林

06/ 住宅入口

07/08/ 建筑夜景

09/ 住宅露台夜景

01/ 欧松板电视背景墙

02/03/ 客厅细部

04/ 客厅全景

05/ 餐厅

06/ 餐厅细部

07/ 清水砖墙作为内装饰面

06

07

清水砖墙既是主体结构，又是粗犷豪放的内装饰面，性价比突出。简洁利落的线条将各功能区有序分割，以容纳更丰富的现代家庭生活。整墙欧松板既是背景结构，又形成空间界面，与仿混凝土地砖和明装线管相互映衬，以温暖的纹理平衡着硬朗的工业基调。

01/ 整墙欧松板划分开餐厅和起居室

02/03/04/ 餐厅细部

05/ 过道

06/ 楼梯上的光与影

07/ 卫生间

08/ 厨房

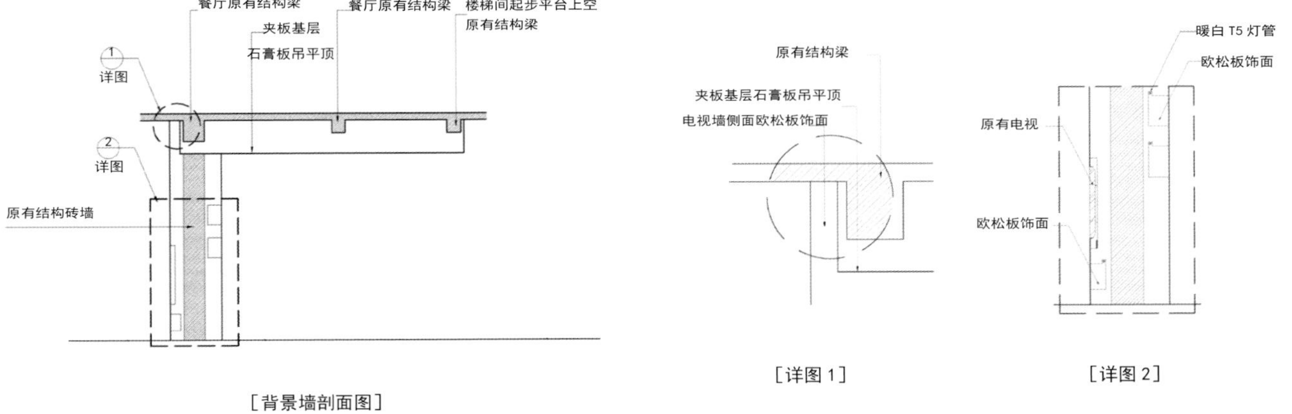

[背景墙剖面图]

[详图 1]

[详图 2]

01/02/ 通向二层的楼梯

03/04/ 楼梯间的休闲空间

05/ 二层卧室

06/ 儿童房一角

07/ 充满童趣的儿童房

05

06

07

本案的极简气质与乡村已有的业态有差异，使得设计价值最终释放，超越了邻里的狭隘界限，将“怪异”化解成“新鲜”，直至人们释怀接纳。业主和设计者在如火如荼的乡建大潮中践行了一次理性的回归，为当代乡村生活方式提供了某种参照，在从众与自我之间找到了协调的比例，开掘出一面真实而深刻的心境自留地。

磐舍

项目名称：磐舍
项目地址：山东省日照市
建筑面积：320 平方米
建筑设计：北京大可建筑规划设计有限公司
项目造价：100 万元（含软装）
摄　　影：DK大可设计

初识场地

项目坐落于山东省日照市的一个古村落中，该村有着厚重的历史沧桑感，100余座百年老屋至今保存完好。房屋墙体多用附近沟渠河畔的石头砌垒而成，就像生命绽放之后留下的微弱烟火，我们能从斑驳中感受属于历史的精彩。初识该地，惊于其野，惊于其静，场地东侧紧靠山丘，西侧临水，三棵大树伫立其中。甲方希望在此处新建一处房屋，用来满足休憩、待客等功能，其场所精神给人以隐于山野的向往。

［手绘草图］

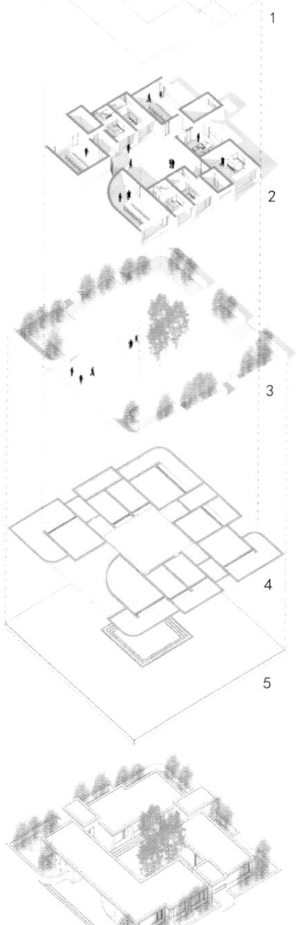

［轴测图］

01/ 建筑与村庄的关系

02/ 建筑俯瞰图

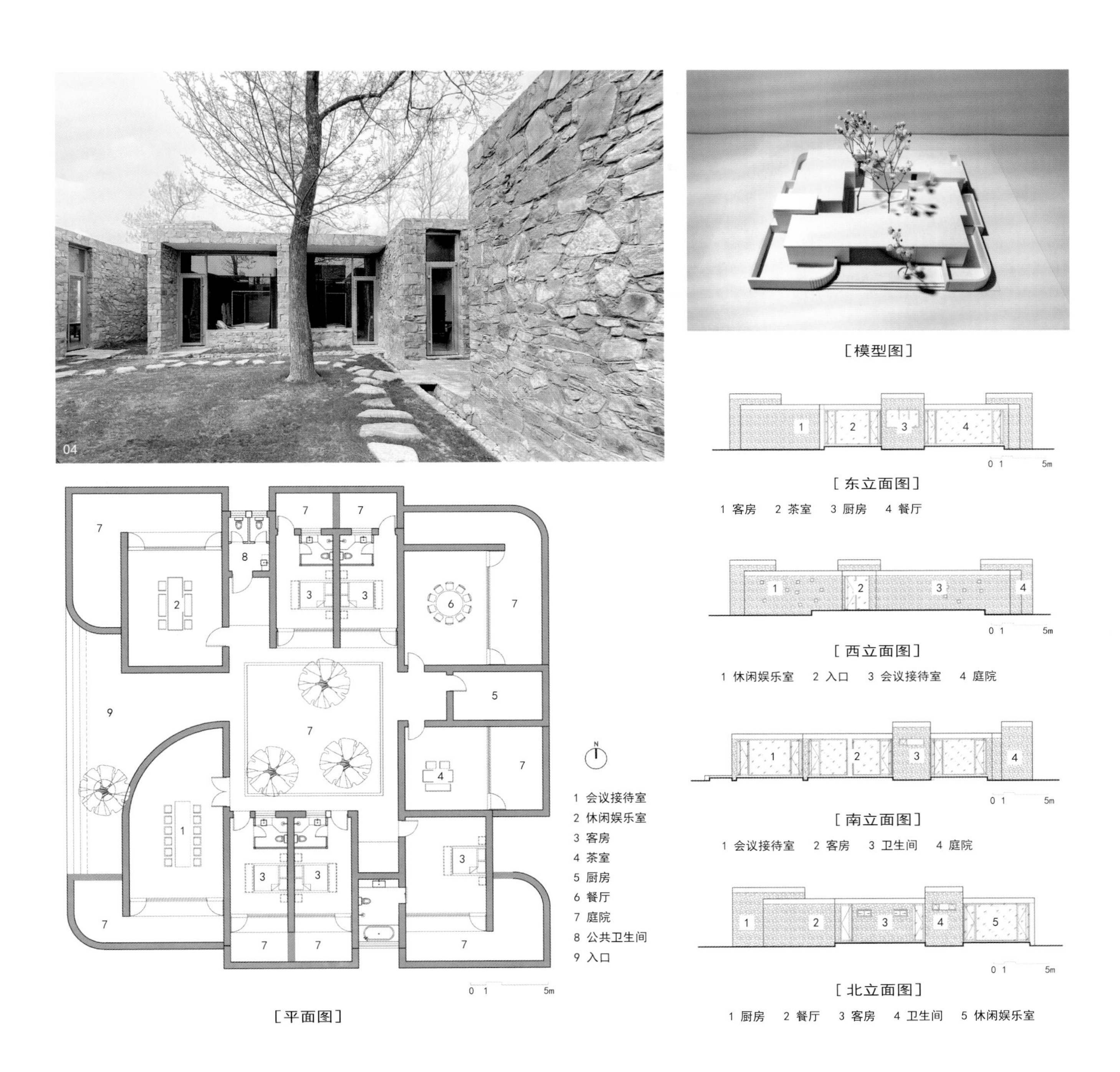

[模型图]

[东立面图]

[西立面图]

[南立面图]

[北立面图]

[平面图]

生长的建筑

建筑方案的生成源于设计内容与场地的回应，设计师利用当地特有的石材，尝试创造一座从当地“生长”出来的当代建筑，营造“垂钓坐磐石，水清心亦闲”的场所精神。设计师以中国北方传统民居的居住逻辑作为原始模型开始推演，从围合三棵树的院落空间向外延伸，四面围合布置房舍，根据流线与功能划分空间格局，满足餐饮、聚会、住宿等功能需求。“宅中有院，院中有屋，屋中有院，院中有天” ，设计师希望这是一个对“精神场所”进行探索的项目。

03/ 建筑鸟瞰图

04/ 庭院一角

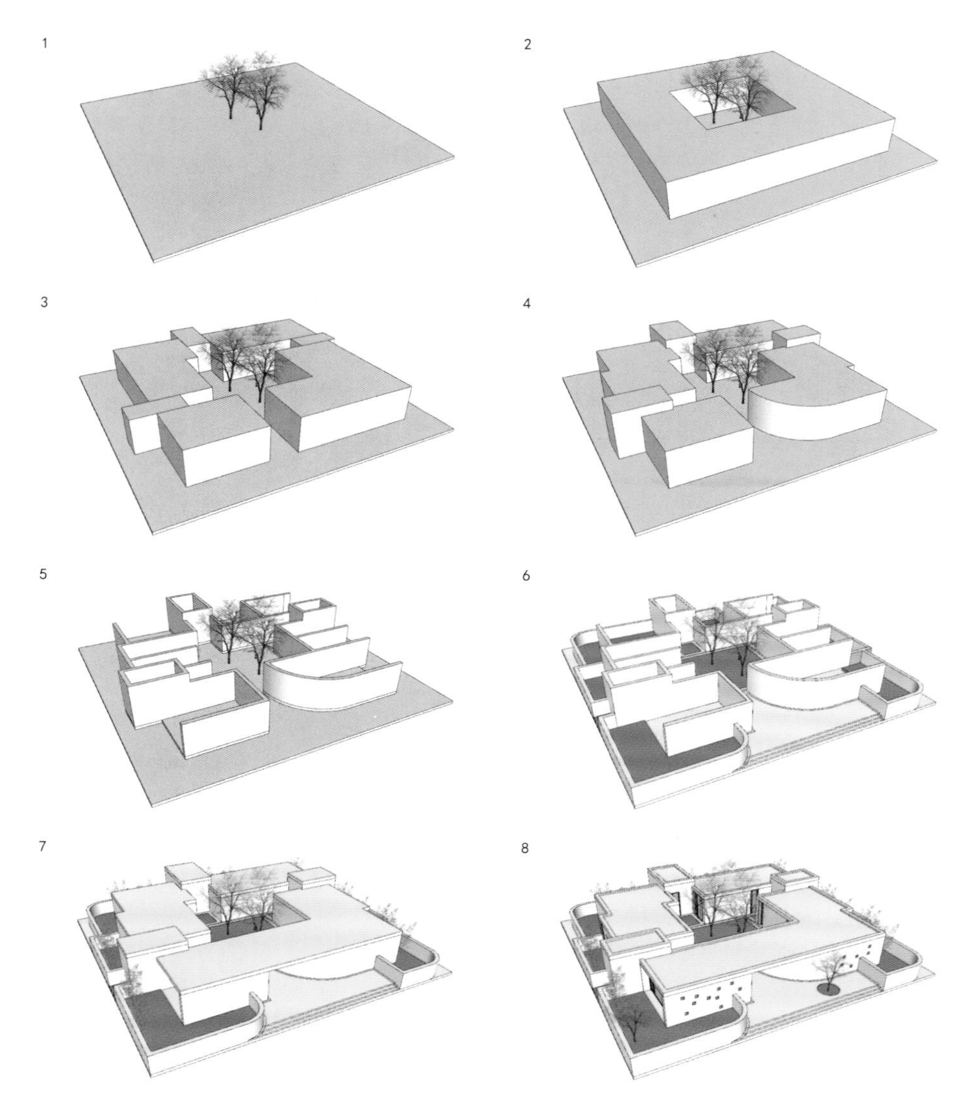

［方案推演图］

有宅有院

整座建筑在山丘脚下，四面围合而成的建筑体量包含了餐厅、茶室、客房及接待室。每个房间的窗与中心庭院反向而开，这样的布置保证了流线朝内而视线朝外。

基于隐私问题的考虑，设计师在窗外利用石头堆砌的矮墙来界定外空间与建筑边界，矮墙与朝外开的大面积开窗之间又形成了独立于整座建筑的微院落，既保证了室内空间的采光与视野，又满足了在整体空间中的私密空间与公共空间的转换。

01/ 建筑入口

02/ 客房

03/04/ 庭院里的三棵树

05/ 客房与庭院

06/ 建筑入口前的一条河

01

02

03

工有巧，材有美

为了更好地契合当地古村落的氛围，符合此地的气场，设计师找了当地的工匠师傅，因为他们精湛的手艺是实现本项目的关键。整栋建筑的墙体全部采用石头砌筑，石头斑驳的纹理给这座建筑赋予了自然的气息，使其更好地与山水环境融为一体。

01/ 庭院与客房

02/03/ 建筑外墙

04/ 入口右侧

05/ 排水渠

06/ 入口左侧

07/08/ 施工过程

04
05
06
07
08

01

02

建筑创作是从无到有的实验过程，而结果会给场地带来永久的改变。使用者不常在而自然常在，设计师希望建筑能扎根于自然，并与自然常在，最终呈现一座融于自然的石头房子，这也是定义“垂钓坐磐石，水清心亦闲”的“磐舍”的由来。

01/02/ 休闲娱乐室

03/ 会议接待室

04/ 客房

05/ 浴袍与斑驳的石墙

边界住宅

项目名称：边界住宅
项目地址：河南省漯河市
建筑面积：180 平方米
建筑设计：郦文曦建筑事务所
摄　　影：映社

业主想在家乡为父母造一栋房子。他的家乡位于河南省漯河市市郊的村庄，基地在村尽头，直面田野，远处有什么？有山丘、脱硫塔和不想回巢的岩雀。

一棵会开花的树

项目的第一项工作便是建立一道围墙，这不是设计团队的初衷，而是当地的约定俗成。设计师对此并不反感，因为围墙并不意味着阻隔，在设计师看来，它像是细胞膜，建构了一种选择透过的机制，也为设计定下起点与依据。

围一块地，圈出一片荒芜，推倒破旧的红砖墙，把旧砖搜集起来，作为新家的建材；移去原有的盆栽植株，暂时安顿在家门口的田埂旁；松开院子里的水泥地，露出湿润的泥土，种上青草。

围合的这块地里，有一家人几十年的回忆。老房子的中心原有一棵桂花树和一棵玉兰树。那棵不高的桂花树长得不错，陪伴了主人的童年时代和少年时代。玉兰树后来枯死了，主人很怀念它，说树很高，年年开花。

01/ 项目俯瞰

02/ 傍晚建筑鸟瞰

03/ 南侧入口

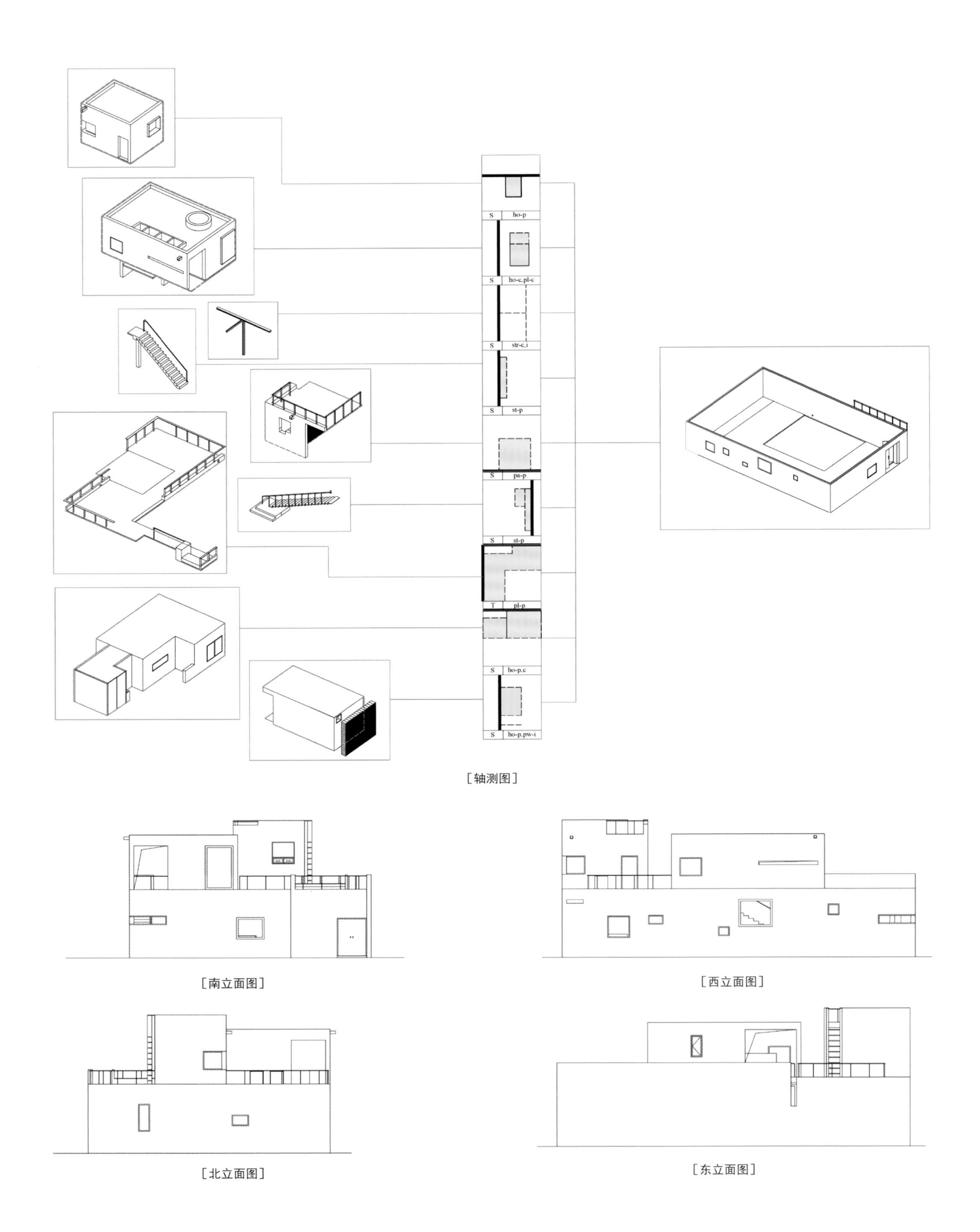

[轴测图]

[南立面图]

[西立面图]

[北立面图]

[东立面图]

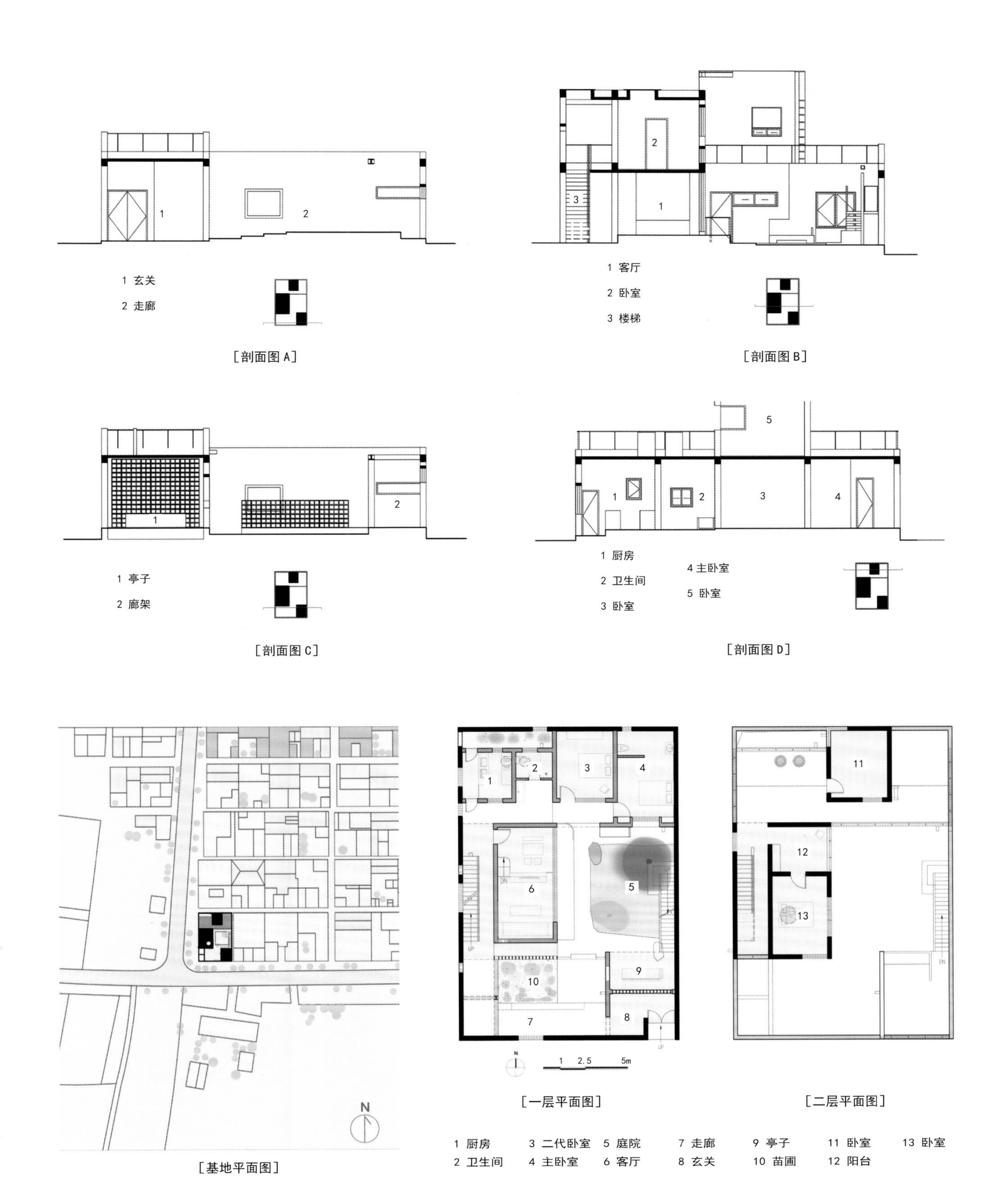

[剖面图 A]

[剖面图 B]

[剖面图 C]

[剖面图 D]

[基地平面图]

[一层平面图]

[二层平面图]

01

02

03

窗户是用来沟通内外的媒介，设计师在一周围墙上安排了九扇窗，它们大部分位于人们行走路径的上方，形态各异，有的窗正对内院的向日葵地，花开时节就形成一幅自然风景画。

庭院里重新种植了玉兰树，它来自遥远的长春大山里一家叫做北国之春的苗木场。苗木场工人把树连根拔起，包好粗枝，减去细枝，装在卡车里连夜运到业主家里。

三年来，这棵玉兰树一直水土不服，不曾开花。直到2020年，枝头绽开一丛丛白色的花，幽香扑鼻，全家人乐坏了，仿佛回到了三十多年前。

04

05

06

边界建构

形体组织的逻辑围绕边界墙体而展开，入口在南侧，靠近邻居三叔家，进入院子之后绕着边界墙体顺时针行走，经过亭子、走道、钢架、小庭院到西侧，或是进入客厅，或是走向二层。进入客厅，看到的是主庭院，那里有玉兰树和旧时的桂花树。

树底下有通往高处的钢楼梯，高处，也就是亭子的屋顶，是一个独立于西侧大平台的小空间，虽然面积不大，视野却异常开阔，向南、向西望，都可以看见远处郁郁葱葱的树林。

二层西侧的大平台则连接着一望无际的田野。亭子、客厅、卧室，三个功能空间分别占据南面、西面、北面，形成对内部庭院的包围。

01/ 主庭院

02/ 从二层平台看主庭院

03/ 主庭院里的玉兰树

04/ 从亭子顶面看卧室

05/ 庭院内新种植的树木

06/ 边庭

01

以类型学的方式考量，在建筑的边界空间中，形体与围墙产生了九种空间关系。类比中国传统住宅对于边界墙体的处理，此处的九种类型分别是：房间贴合于围墙；房间被围墙包含；平台被围墙包含；钢架把围墙打断并被包含于围墙；台阶贴合于围墙；平台贴合于围墙；南侧亭子贴合于围墙；片墙打断了围墙；北侧房间围合了围墙并形成带形庭院。其中钢架与围墙的抽象关系较少出现在中国传统住宅中，类似构造在拙政园卅六鸳鸯馆北侧廊架和留园北侧又一村廊架中出现，只是它们是连续的、线性的，此处则强调空间转折时的过渡。

透过西面的窗户可以望到远方，隔着南面的围墙能听到邻居的闲谈，或是在北面的小庭院里种植不愿见光的苔藓，在东面的院子里画出碎石的图案，在玉兰树下闻到春的气息，在南面的灌木丛里看到向日葵肆无忌惮地开放。

上述一切都在这个不足 100 平方米的地方发生，它们与烟火气一起融入主人的日常生活里。

02

03

04

05

06

07

01/ 从入口看西侧建筑

02/ 钢架

03/ 从边庭看二层

04/ 从卧室看主庭院

05/ 窗外的庭院一角

06/07/ 主庭院夜景

01/ 从入口看边庭

02/ 夜晚时的二层过道

03/ 从二层过道看向南面树林

04/ 傍晚时的卧室

05/ 卧室里的长条形窗

06/ 卧室天窗

07/ 卧室一角

08/ 施工过程组图

05

06

07

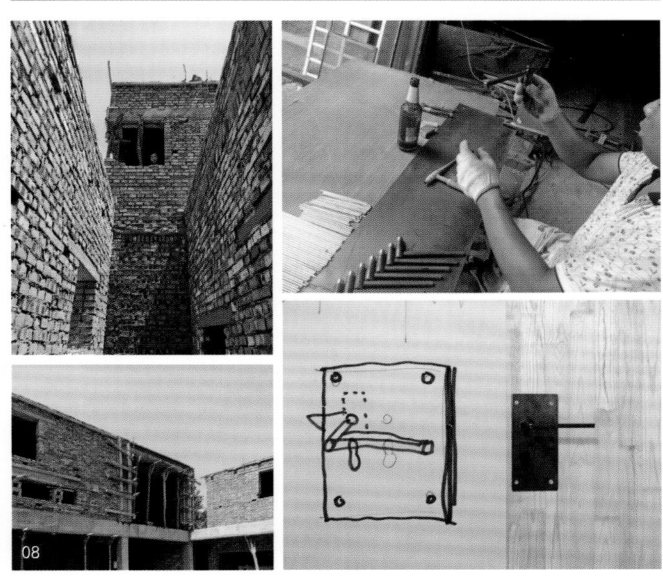
08

住宅，是一曲关于生活的民谣。
而我们所认为的生活，寻常却不失深意。

我的家宅

项目名称：我的家宅
项目地址：湖南省双峰县
建筑面积：560 平方米
建筑设计：王旭潭
施工设计：谢高峰
项目造价：85 万元（总造价）
摄　　影：陈远祥

这是一个建筑师为自己一家人设计的家宅，坐落在湖南的一个乡村，由传统的农村泥瓦匠人修筑而成。这是一个四代同堂、家庭成员多达十几人的大家庭。由于原有旧房已不能满足一家人新的居住需求，三兄妹决定共同出资改建新宅。

在中国的乡村，随着家庭成员和生活环境的不断变化，曾经的“家”往往变得“破碎”。这样的现象在农村司空见惯，儿女成家后便开始分家，另起炉灶成为必然。空间距离过远，容易使家人之间产生隔阂；距离过近，则容易出现矛盾、争吵，更甚者，亲人反目成仇。建筑师结合自己一家人的具体情况，试图通过空间来组织起这样有着不同需求但又血脉相连、多代同堂的一家人的生活。这是一个非典型的“集合住宅”。

01/04/05/ 建筑外观

02/ 基地周边环境鸟瞰

03/ 与周边房屋的外观对比

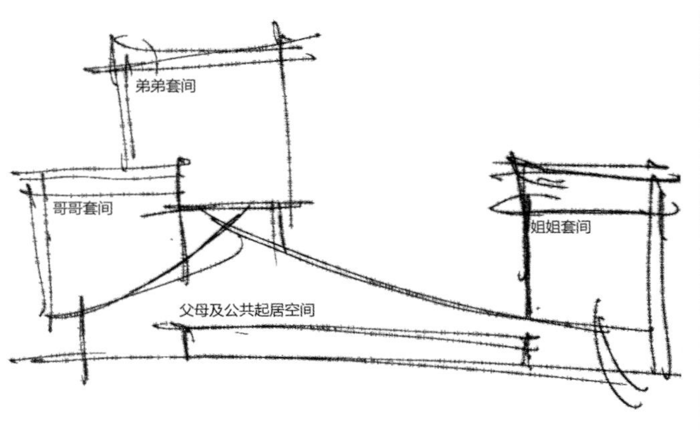

［体块概念图］

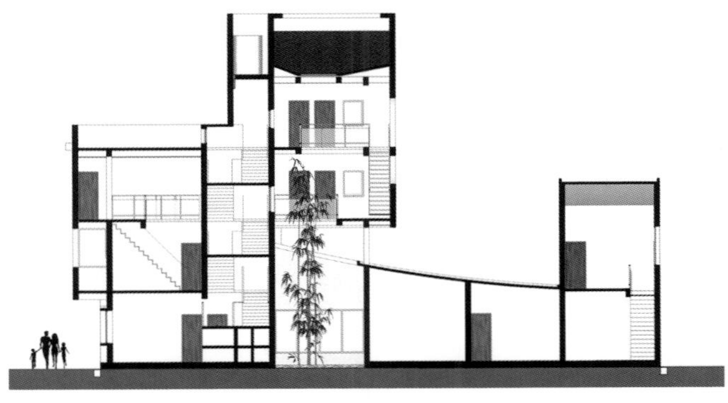

［东西向剖面图］

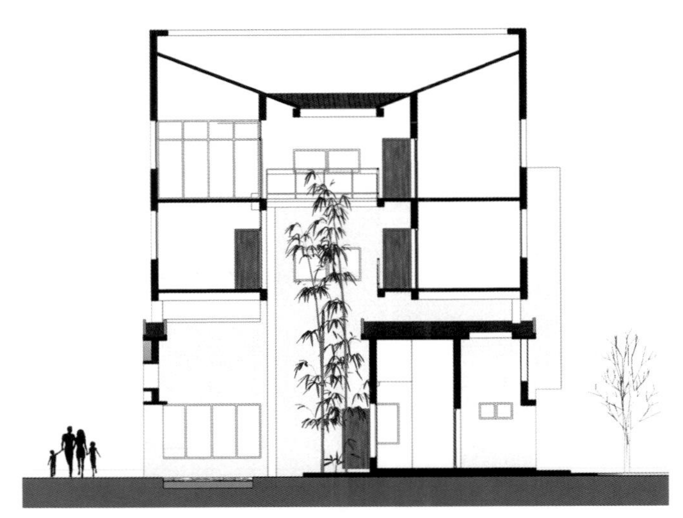

［南北向剖面图］

家宅依据血缘关系来进行空间的规划和布局。父母哺育了两个儿子、一个女儿，大儿子留守老家，女儿远嫁他乡，小儿子志在远方，而今三个子女都已各自成家。一个家衍生出三个独立的小家，家宅的设计理念正是来源于此。

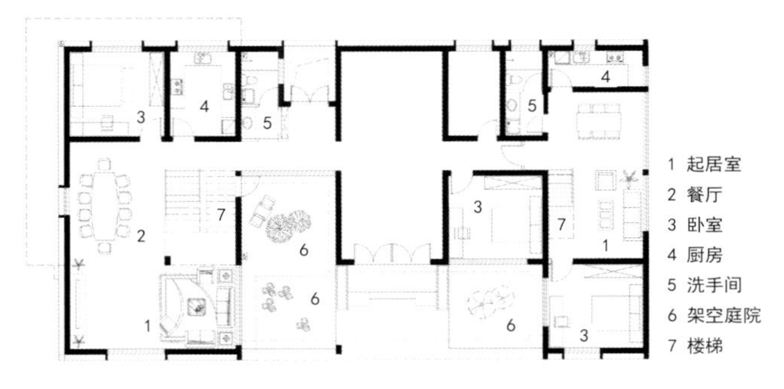

［一层平面图］

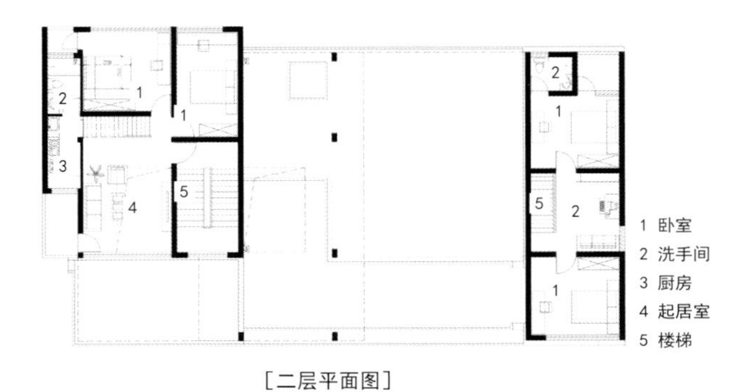

［二层平面图］

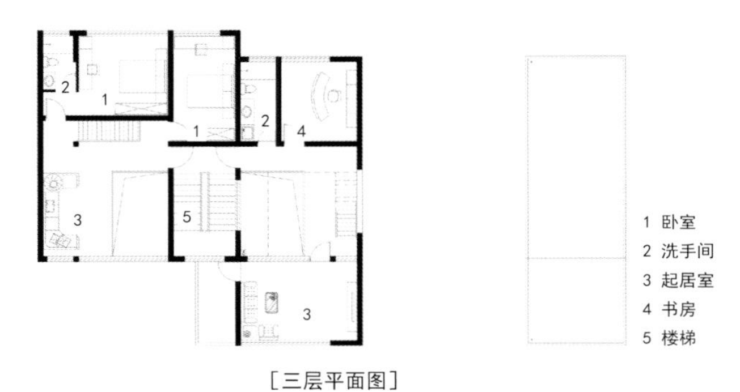

［三层平面图］

［四层平面图］

建筑在形式上呈现出四个体块的组合关系：一层大铺开的传统坡屋顶支撑起三个独立的简约方盒子。一楼是父母、奶奶以及公共的起居空间，局部一楼二楼是姐姐的套间，二楼及局部三楼是哥哥套间，局部三楼及四楼是弟弟（建筑师）的套间，每个套间内部通过小楼梯来组织两层空间，公共楼梯则将哥哥与弟弟的套间联系在一起。而远嫁他乡的姐姐套间则完全独立在东侧，与主体起居空间脱离。

01/ 建筑外的池塘

02/ 门口的菜地

03/04/ 白墙青瓦的外立面与池塘

05/06/ 嵌入青瓦的墙面装饰

03

04

05

06

01

02

03

04

在中国农村，长子往往成为父母养老的主要承担者，因此哥哥的套间非常接近父母生活的空间以便照顾父母，而弟弟常年生活在外，他的套间被设置在较上的体块。父母和奶奶依然延续着农村的传统生活，而子女往往习惯并趋向于城市的套间起居生活，彼此都有着不同的空间需求。

因此，首层的平面设计延续了农村传统布局形式，引入了院落空间，同时用立面嵌入青瓦的形式来打造传统风貌。平面组织以堂屋为基础，将长久以来矛盾不断的妈妈和奶奶的主要生活空间分别布置在堂屋和庭院的左侧和右侧（右侧主体上是姐姐的套间，由于姐姐一家几乎很少在家居住，因此该套间的一层主要为奶奶使用）。建筑师一家人将一楼公共空间奉献出来，成为村民家风馆，奶奶套间起居空间也成为了重要的家风展示空间。

01/02/03/04/ 嵌入青瓦的墙面装饰

05/ 简洁朴素的一楼餐厅

06/07/ 开敞式的架空庭院

而三个子女的各个套间都有单独的出入口，保持三个小家庭相对的私密性。其中哥哥和弟弟的套间采用跃层布置形式，并结合各自的情况进行针对性布局，以满足不同需求。其中弟弟套间中部引入了贯通上下的开敞式架空庭院。

05

06

07

01

02

03

01/02/03/ 奶奶套间
（兼村民家风馆）
04/ 父母套间及公共活动空间
05/06/ 相对独立的私密套间
07/09/ 融合室外景观的室内视角
08/ 从立面圆洞望向楼梯

“家”不只是居住的容器，建筑师希望通过依托血缘关系构建起来的家宅来探究“家”的本质，引发人们思考建筑与人的关系。

兰舍

项目名称：兰舍
项目地址：湖南省益阳市
建筑面积：458 平方米
建筑设计：之行建筑事务所
主创设计：陈恺、周子乔
设计团队：文可、魏玉
摄　　影：山兮建筑摄影、陈远祥

项目的开始

项目的业主虽是位年近七旬的长者，但他对于新资讯、新知识了解的程度却一点也不亚于 80 后，对于建筑和设计的理解也是有着很专业的见解。由于有着相同的设计价值观，在有新的住家需求的条件下，他便委托了这次设计，以期做出他心中“有趣”的建筑。

01/ 建筑环境鸟瞰　03/ 场地原址　05/ 建筑场地鸟瞰　07/ 建筑一角
02/ 项目区位　04/ 施工过程组图　06/ 场地东南侧田园景观鸟瞰

选址

项目选址是设计师同业主一起在两期民宿地块间调研后确定的。此地块位于半山腰处，场地内原生树木环绕，有明显的山脊线和场地高差展现。选择此地块的主要原因有三：东南侧靠近山体边缘，有远眺开阔田园景观的良好视野；树木茂密，能较好地契合业主藏于自然的期望，实现私密性的同时营造舒适的微气候；位于两期民宿之间的位置，既有较为方便的交通联系，又不至于过于紧密而被经营的民宿所打扰。

场地内有原始的樟树、栗子树、杉树，数十棵树木自然散布，地形延续了山地的地貌，东侧有一块已经耕种了几年的茶田，在场地内望向东南边则是一片开阔的田园景观。

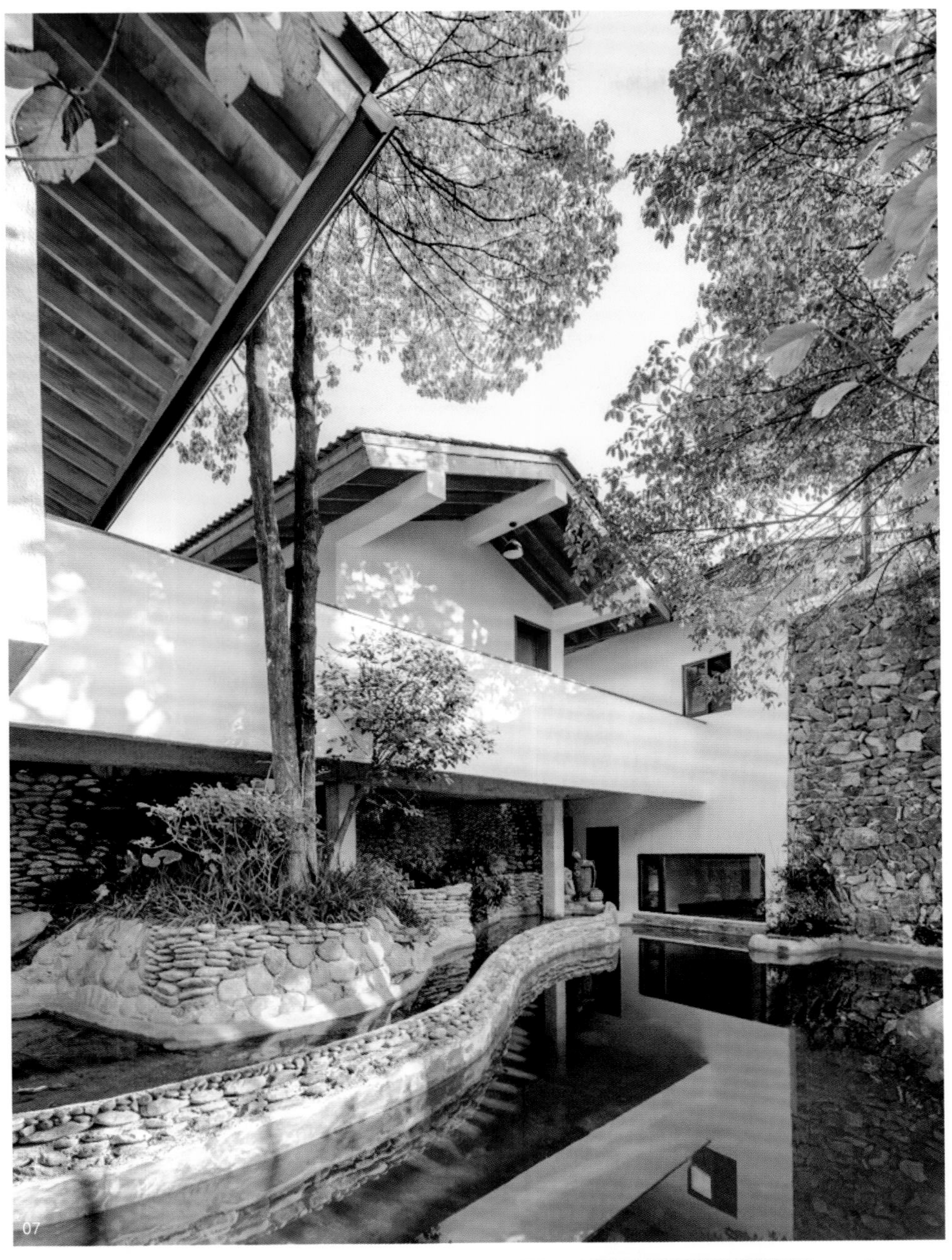

［建筑解构图 1］

［建筑解构图 2］

项目策略

设计从定位场地内的树木开始。为了使保留的树木能良好地继续生长，让建筑成为“配角”是设计师最开始就确定的原则。

保留下来的十余棵乔木是设计师设计范围内建筑体量水平方向界定的重要依据。而对于山地地形的竖向关系，设计师更多地考虑保留山体的地形高差，将建筑架起于山体土堆之上，以此平接茶园过来的小道，而建筑整体也只有两层，基本做到了极少的土方开挖。

从第一稿的草图可以看出，设计师想要以正交轴的建筑平面来应对这不规则的树的界定关系，但在和业主一同讨论的过程中，除了建筑功能和面积上的增加外，竖向的高差关系、功能布局关系以及建筑非正交轴线关系都成为了设计师反复思考的重点。

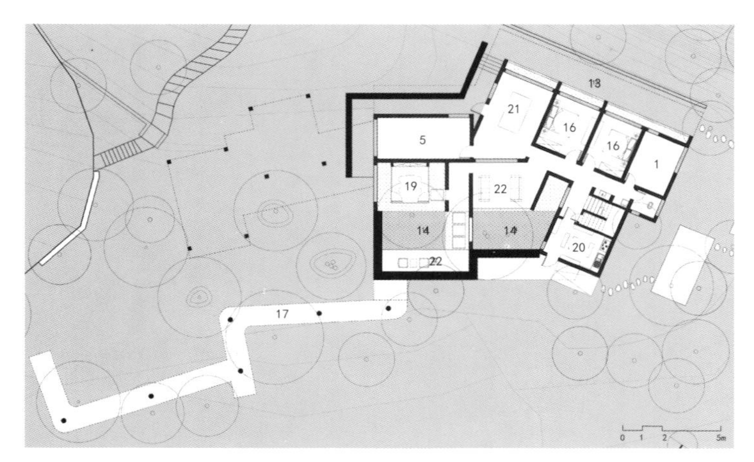

[一层平面图]

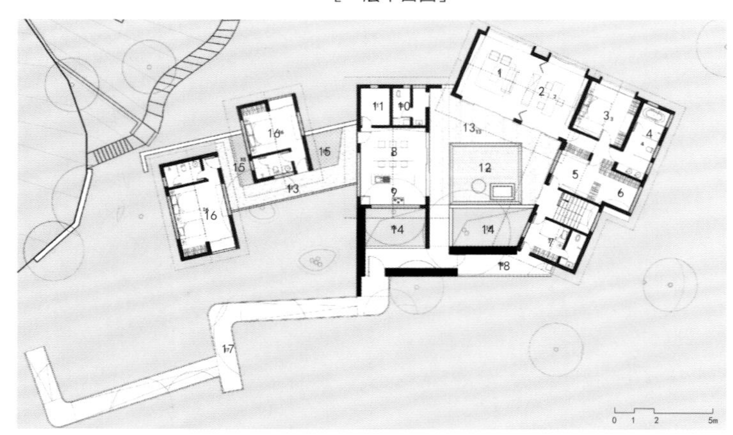

1 起居室
2 茶室
3 主卧
4 主卫
5 储藏室
6 衣帽间
7 保姆房
8 餐厅
9 厨房
10 卫生间
11 库房
12 水院
13 室外平台
14 树院
15 花院
16 客房
17 栈道
18 生活露台
19 禅房
20 吊锅房
21 活动室
22 休闲区

[二层平面图]

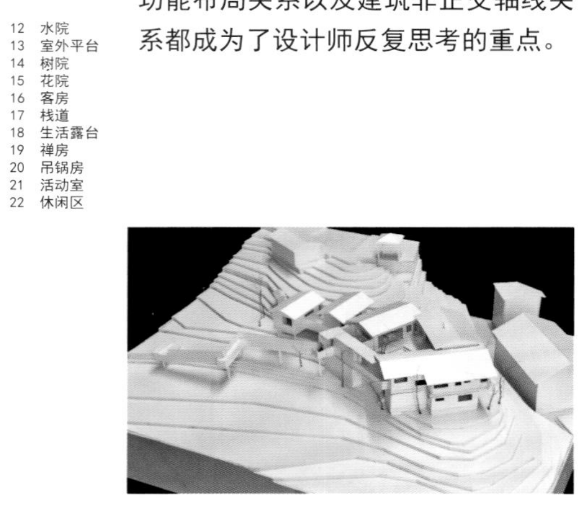

[手工模型 A]

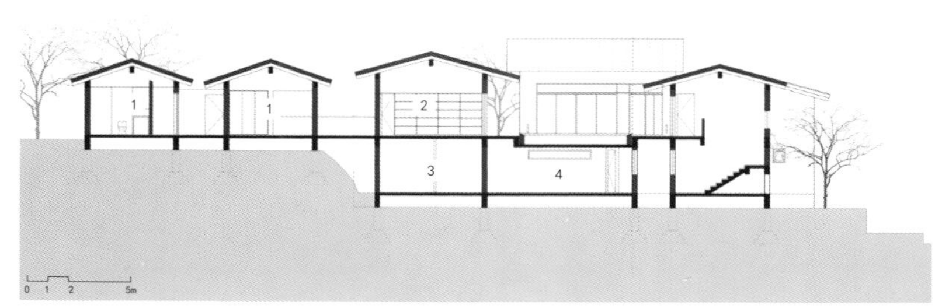

1 客房
2 餐厅 / 厨房
3 禅室
4 休闲区

[剖面图 A]

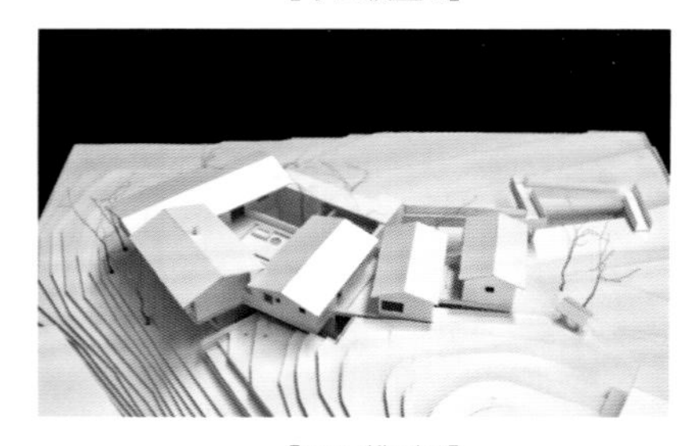

[手工模型 B]

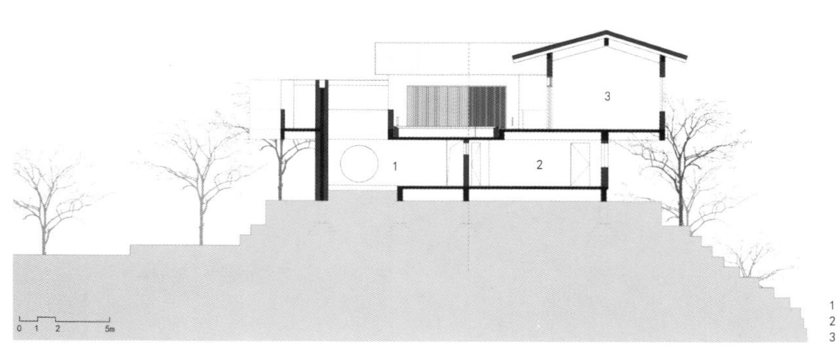

1 休闲室
2 娱乐室
3 起居室

[剖面图 B]

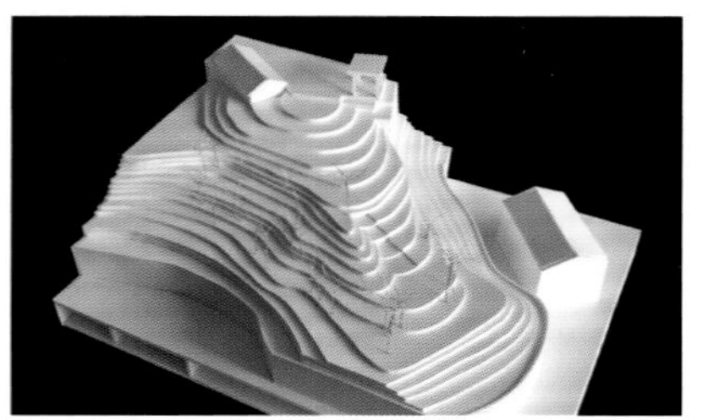

[手工模型 C]

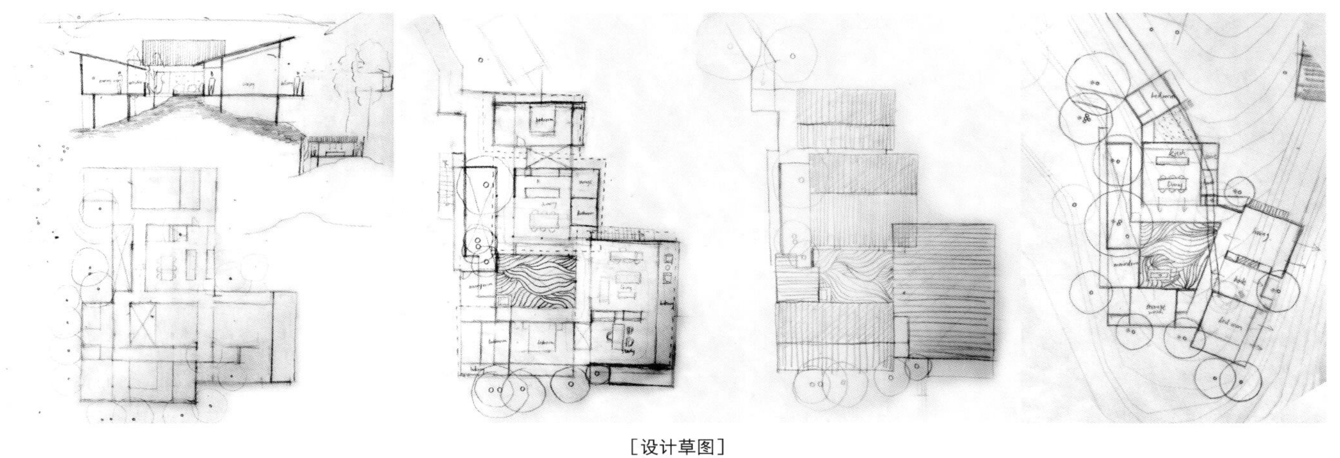

［设计草图］

场地原始地形

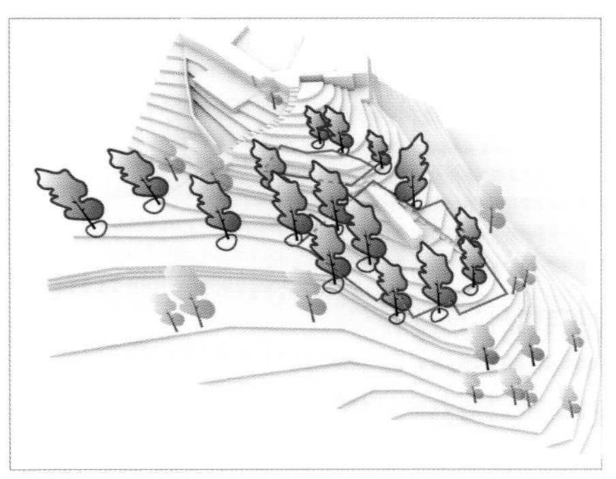

保留主要树木，限定出建筑边界范围

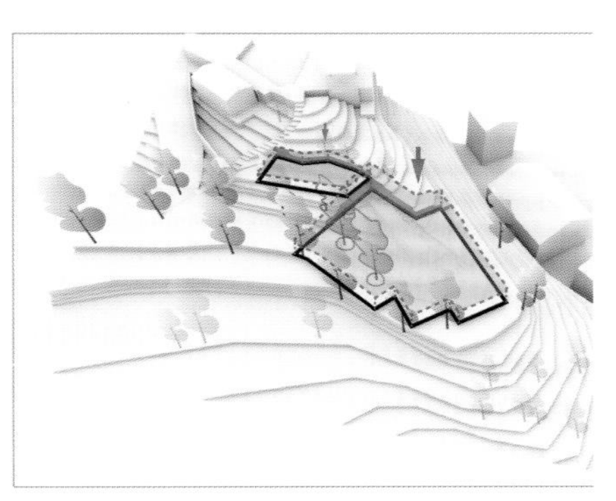

依山而适，开挖少量土方，平整场地

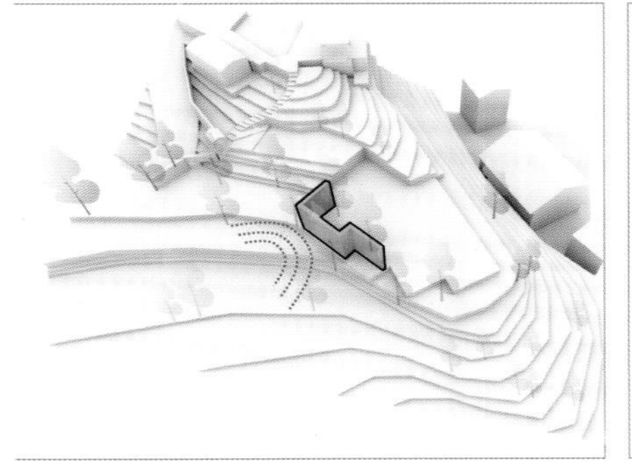

砌筑毛石墙，隔绝西侧主路噪声，界定建筑围合边界

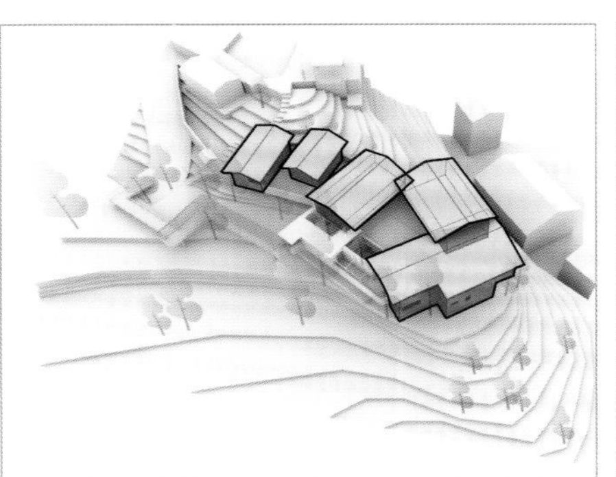

生成围合及散落的体量，形成小聚落布局

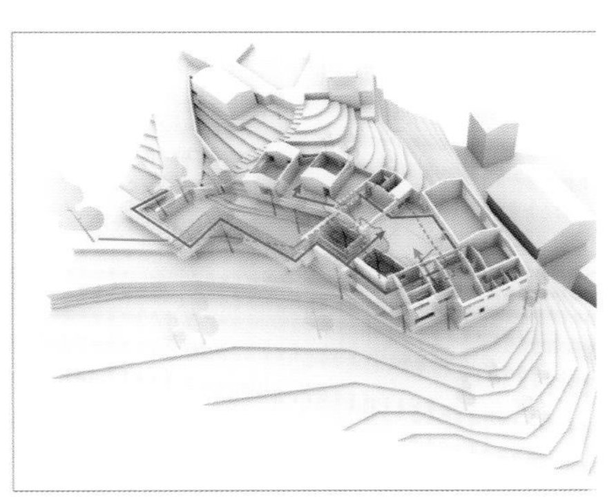

依据功能布局形成转折变化的流线

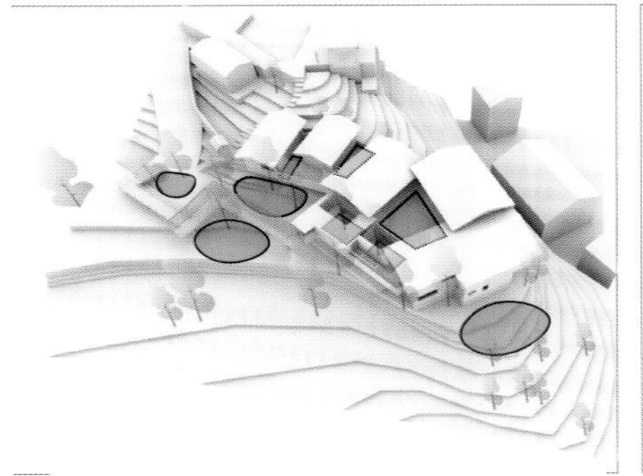

建筑内外形成院落及天井

建筑内外不同景观视线关系的引导

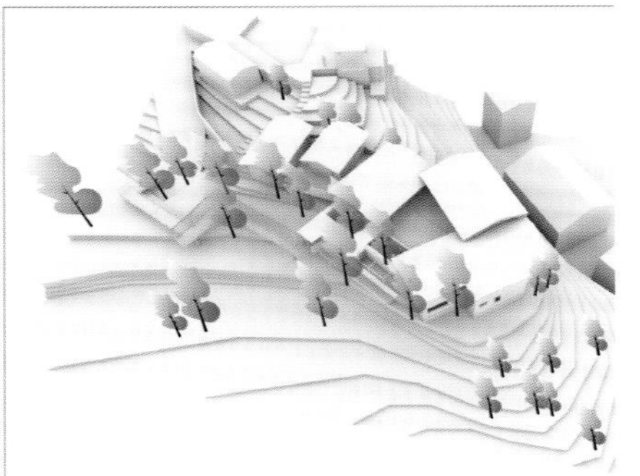

建筑生产

［建筑衍生图］

在设计的中段，业主的两位设计界朋友也参与到平面及空间构想的内容中，大家对于内部功能布局、上下空间的连接关系以及建筑的非正交轴线关系等问题都给出了许多具体的草图建议。在经过几轮的平面深化设计过程后，最终得到了基本确定的空间布局方向：主体建筑旋转形成半围合而私密的内院，也是业主活动的主要空间；同时主体栋也包含了两层的体量，以建筑内部的交通来化解其竖向的空间关系；管理房及功能用房被设置在了进入内院后的最末端以及一层，将最好的东南向视野和内院视野都让给了公共活动属性最强的起居室、茶室和餐厅等主要空间；客房栋则独立于主体栋之外，沿着茶田的等高线水平排开，视野被引导至栈道后的远山，后部则面向茶田景观。

设计师由此一步步地推导而形成的小体块分散式的体量状态灵活地应对了复杂的现场情况，在呼应周边的建筑群落的同时，也让建筑更好地“藏”于这片山林间。

01

02

03

廊桥栈道

树是场地当中非常重要的界定因素，除了对建筑体量的界定之外，也成为栈道转折方向的主要依据。栈道作为连接建筑最重要的交通空间，在进入建筑的过程中，设计师希望业主也能有移步异景的体验。紧贴的樟树、开阔的远山以及院外的水池等等景观，都丰富了进入建筑前的空间序列。

01/ 栈道出挑平台
02/ 建筑外景
03/ 从平台远眺
04/ 庭院入口
05/06/ 入口连廊

入口处的毛石片墙

入口处的毛石片墙是设计师在设计的初始阶段便设想的内容，它具有围合主体建筑院落以及隔离西向道路噪声的主要功能。片墙在视觉上分隔出了内院与外院，同时在空间的界定上也同样是区分公共与私密空间的重要元素。片墙的形态由最开始的一折的 L 形最终演变成了两折的 Z 形，其结构关系更强。入口空间也由毛石片墙划分出了树院、生活平台及廊桥，丰富了进入建筑内院时“收”与“放”的空间体验。

04

05

06

01

02

03

04

两个树院 “天井”

由于现场中两棵重要的樟树的位置，入口处毛石片墙与主体建筑的围合关系中便多了这两个树院的“天井”空间。建筑主体包含有两层体量，建筑的二层为主要活动院落。两个“天井”以树为中心，连通一二层的竖向空间，将天光引入下一层，提升一层的空间品质，同时将树的景观引入二层活动院落，更进一步加强了上下空间的联系。

01/ 天井　　03/ 一层庭院

02/ 庭院一角　　04/ 一层走廊

05/ 栈道与建筑连廊之间的水景

06/ 客房平台

07/ 叠水景观

大悬挑屋顶

考虑到当地多雨的气候以及业主喜好半室外活动的生活习惯，设计师将设计之初屋面悬挑的 1 米扩大到了 1.6 米，增加了支撑的钢结构。更大的出挑屋面不仅提供了更多的半室外活动空间，也让业主在内院活动的尺度变得更加宜人。半围合的内院框出了独有的一片天，地面的一小潭镜面水及天井中的樟树映衬其间，使得人们内院中散步、喝茶、健身等都变得更加自然而惬意。

01/ 俯瞰内院

02/ 二层活动内院

03/ 客房之间的走廊

04/二层内院

05/茶室

06/ 从茶室窗口眺望田野景观

07/ 客房

1 屋脊

脊瓦（与平瓦交接处预留通风口）

2 屋面

陶瓦

挂瓦条

沥青防水卷材

12mm厚胶合板

20mm厚通风层

30mm厚聚苯板

呼吸膜

12mm厚胶合板

184mm×38mm美国南方松檀条

3 通风窗

38mm厚美国南方松窗框

28mm厚胶合板窗页

金属旋转轴

4 楼面

25mm厚菠萝格防腐木地板

50mm×30mm钢龙骨（涂防锈漆）

现浇120mm厚钢筋混凝土楼板

5 排水沟

暗藏金属沟盖板

防水涂料

现浇钢筋混凝土排水沟

6 镜面水池

5mm厚黑色瓷砖

防水涂料

找平层

现浇150mm厚钢筋混凝土楼板

建造与材料

结合之前在湖南的实践经验以及当地的建造条件，设计师使用了当地施工团队熟悉的框架结构作为主结构体系。双层架空也是设计师得出的地方经验，即地面层架空，隔离土壤中传递的湿气；屋面层架空，隔离酷暑的热气。

05

尾声

业主入住项目半年多后，有许多使用上的反馈：空间使用上还原了设计的趣味性；新型屋面构造带来了舒适效果；室内壁炉提升了冬季的舒适度；夏季负一层空间较室外低了6～7℃；镜面水池排水沟构造使得落叶便于清扫；反梁结构处的防水处理需考虑得更全面等等，这些反馈都将成为设计师设计道路上宝贵的经验。

06

07

上围插件家

项目名称：上围插件家
项目地址：广东省深圳市
建筑面积：15 平方米（黄氏）20 平方米（方氏）
建筑设计：众造建筑设计咨询（北京）有限公司
项目造价：40 万元（黄氏+方氏）
摄　　影：众建筑、九里建筑

上围插件家是一个客家老宅活化项目，这些房屋经历数百年风雨，却由于村庄近几十年的经济衰退，一直处于闲置和废弃当中。

深圳周边地区的快速城镇化导致像上围这样的村庄被吞没，逐渐变成了城中村。村民为了在邻近地区寻求更好的生活而纷纷离开，上围村的一半房屋因此被废弃。

当地政府，即上围村村集体，致力于探索新的方法，以支持和推动一个由当地艺术家和工匠组织构成的新兴社区。在乐平基金会和未来+（当地非盈利组织）的支持下，政府与众建筑合作发起了一项试点项目。村政府有责任修复诸如屋顶坍塌的不适合居住的房屋。然而，这些房屋难以翻新，因为任何工作都会影响到相邻房屋的结构。为了解决此类问题，插件家在保留原始现状的基础上，在现有房屋内部增加了一个新的结构。

黄氏插件家

黄氏插件家是个15平方米的小型空间。由于原始房屋的部分屋顶仍然存在，内置的插件同时作为结构加固和保护措施，以解决老宅可能存在的结构问题。

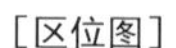

［区位图］

插件家采用模块化预制面板作为结构的主要构件，结构连接件内置于面板内部，非专业人员使用简单工具即可在一天之内搭建完成。工业化生产可使用高品质材料以提高能效，规模经济使得插件家价格低廉。尽管插件面板采用批量生产，但每个插件都可以根据其场地特点进行定制。

01/ 黄氏插件家鸟瞰

02/ 伸出的窗角增加了使用面积

03/04/ 原始房屋

05/06/ 改造后的插件家

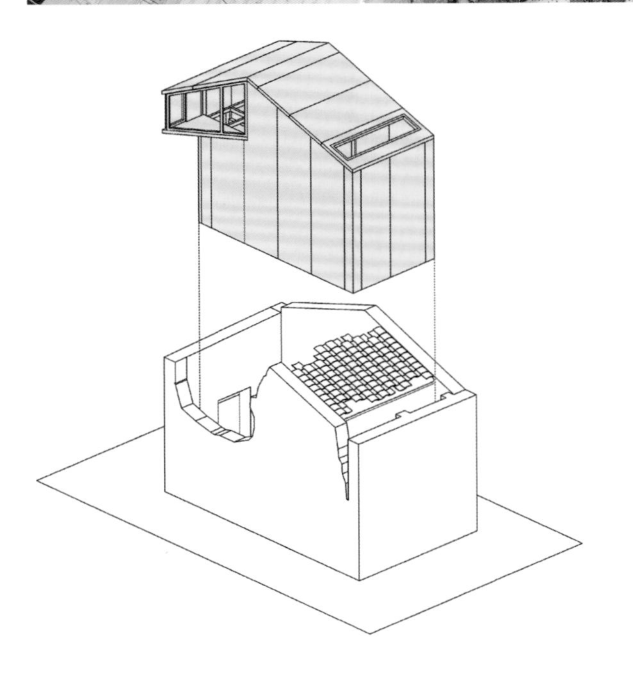

[黄氏插件家图解]

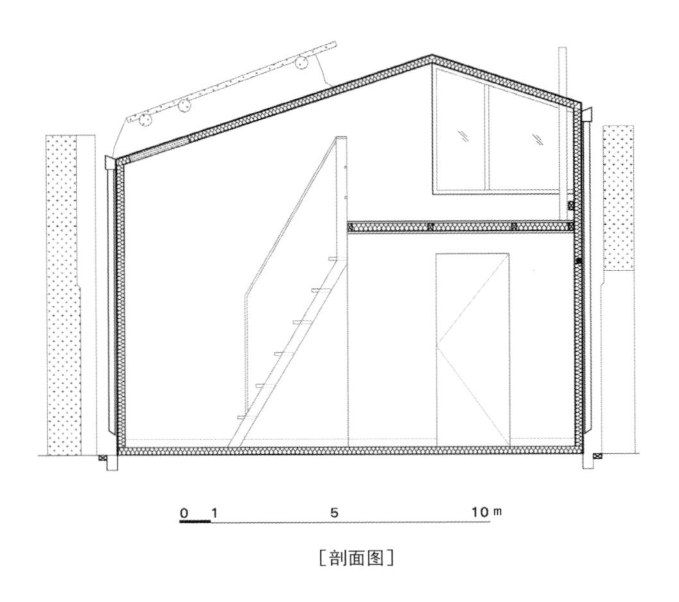

[剖面图]

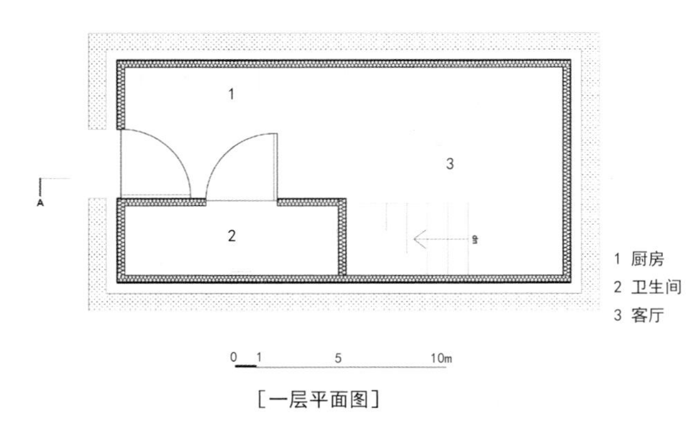

[一层平面图]

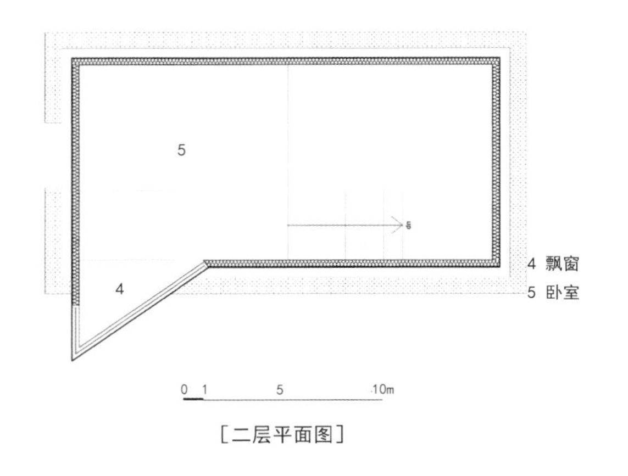

[二层平面图]

01/ 新旧并存的入口
02/ 伸出的窗角
03/ 建筑鸟瞰
04/ 厨房与夹层中的卧室
05/ 客厅与楼梯
03/ 伸出的窗口形成的三角飘窗

04

05

06

为了增加额外的空间，卧室位于夹层，角窗伸出倒塌的墙壁上方，从室内可一览村庄全景。天窗设置在原屋顶处，增加自然光的投射面积。

方氏插件家

方氏插件家同样位于废弃房屋中，面积略大，约为20平方米，在坍塌的墙壁中置入新的结构。天窗可将朝南的阳光引入后方的卧室。

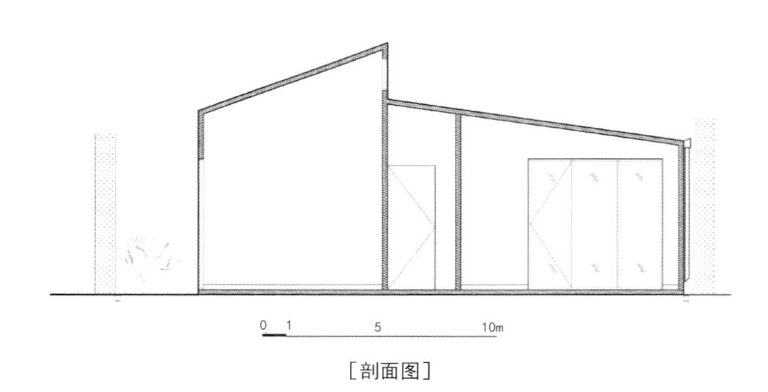

［剖面图］

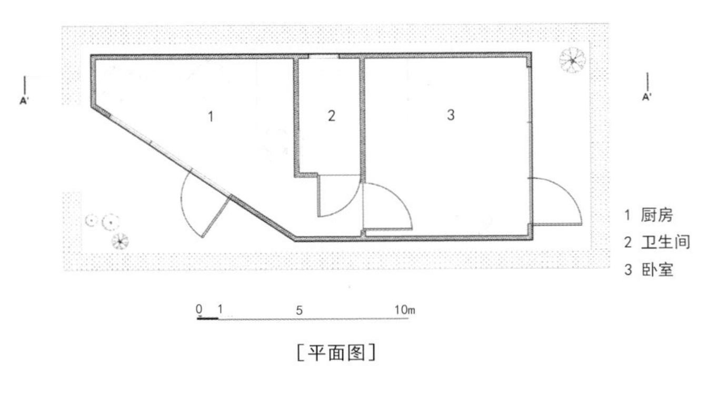

［平面图］

01/ 插件家外观

02/ 原有的基地面貌

03/ 插件家与周边环境的对比

04/ 插件家鸟瞰

05/06/ 坍塌的墙壁与新的建筑结构

在这两处房屋中，插件家通过添加冷暖空调系统、现代厨房和独立的堆肥厕所来提高使用者的生活品质。

01/ 插件家外观　04/05/ 带有庭院的卧室

02/03/ 入户空间　06/ 连接室外的厨房

04

05

缝中之家

项目名称：缝中之家
项目地址：北京市
建筑面积：320 平方米
建筑设计：察微（北京）建筑设计咨询有限公司
（察社办公室，chaoffice）
项目造价：150 万元
摄　　影：成直、朱雨蒙

业主的父亲刚刚去世，于是业主携带幼子返回旧屋和母亲一同居住。原有的房舍无法满足新的使用要求，因此需要翻建成一座有更多空间的新屋。这个新屋包含五名家庭成员：业主夫妇、幼子、母亲和一条叫串串的狗。

“我们一直忙于工作，匆忙结婚，很快就有了儿子，儿子刚刚懂事，爸爸又重病，不久去世，一直都在照料家人和繁忙工作中度过，没有属于自己的生活。除了可以方便照顾妈妈，我们也很想真正地为自己活一回。”这是业主夫妇初次与设计师见面时说的一段话，也是最终打动设计师的原因。于是在预算极低的前提下，设计团队还是接下了这个项目。

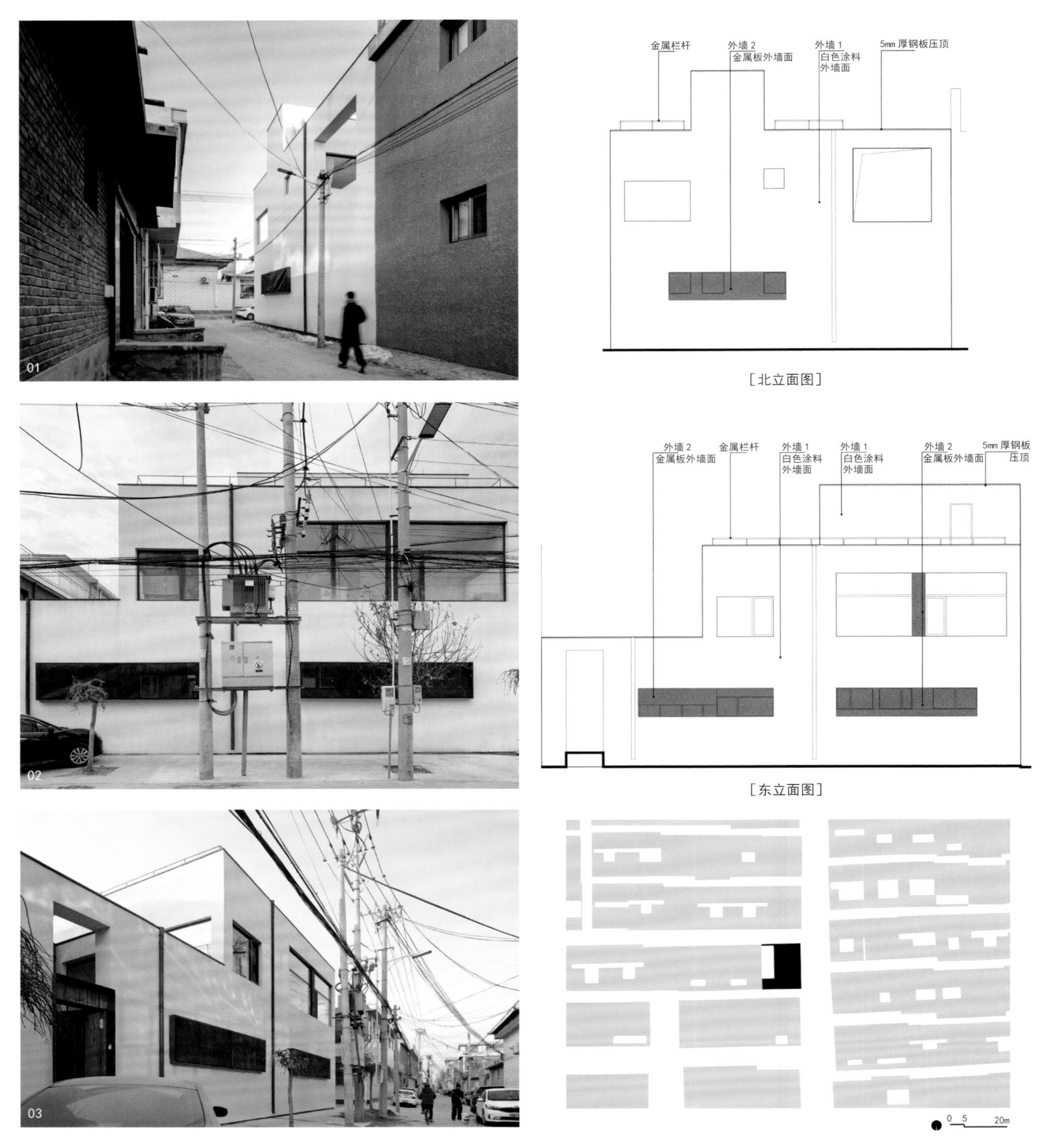

［北立面图］

［东立面图］

［基地平面图］

项目位于北京平谷区，属于超大型城市周边欠发达的区域。最近五六年中，邻里间由于自身的需求，纷纷把原来的低层大院改建成大进深小前院的两层高屋。业主家的旧屋就这样被包裹在邻居 10 米多高的新房之间。说是家，却更像个不见天日的监狱。

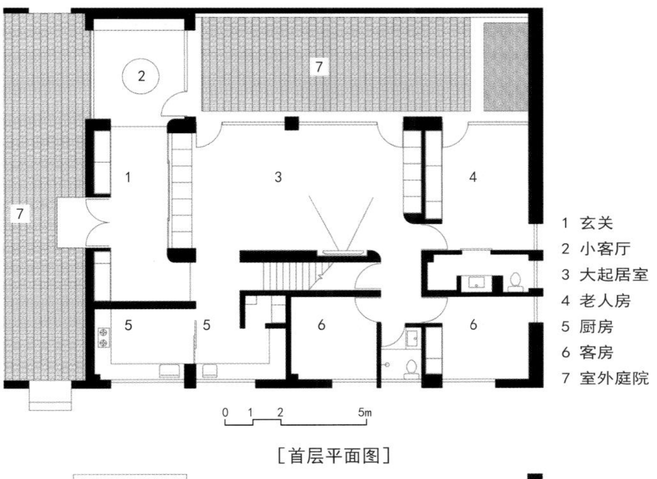

[首层平面图]

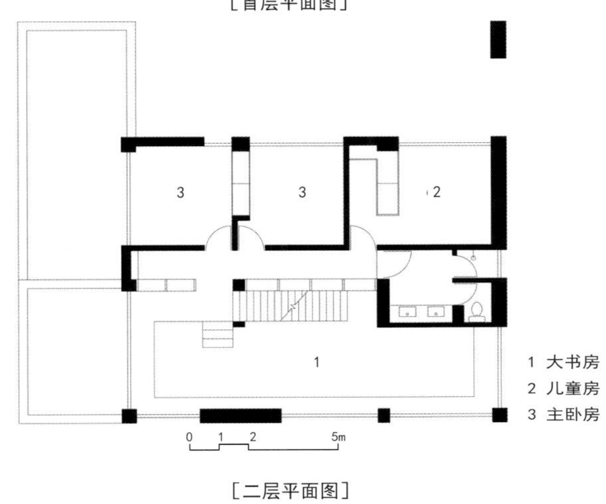

[二层平面图]

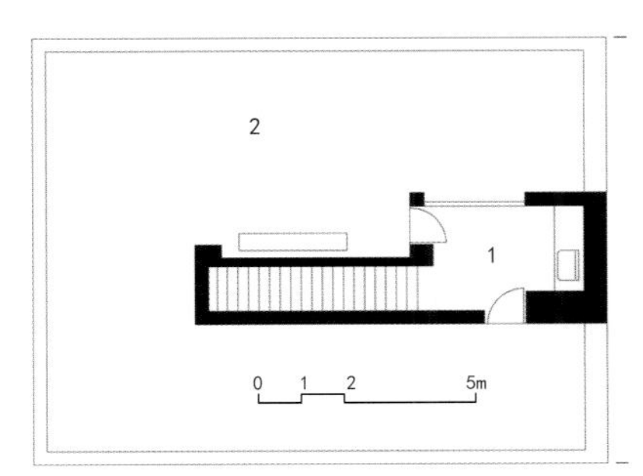

1 洗衣房
2 屋顶平台

[三层平面图]

[剖透视图]

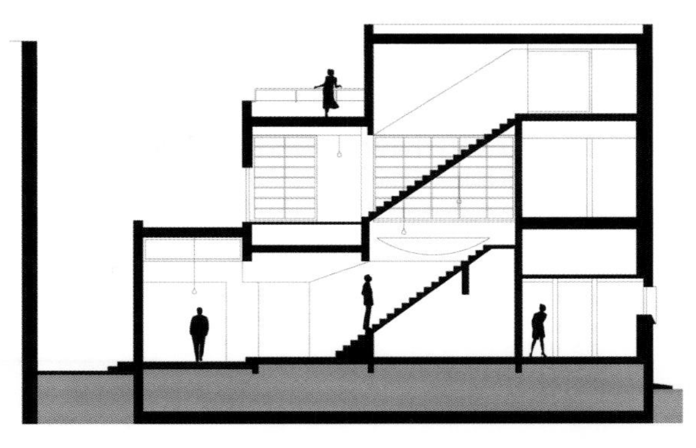

[剖面图 A]

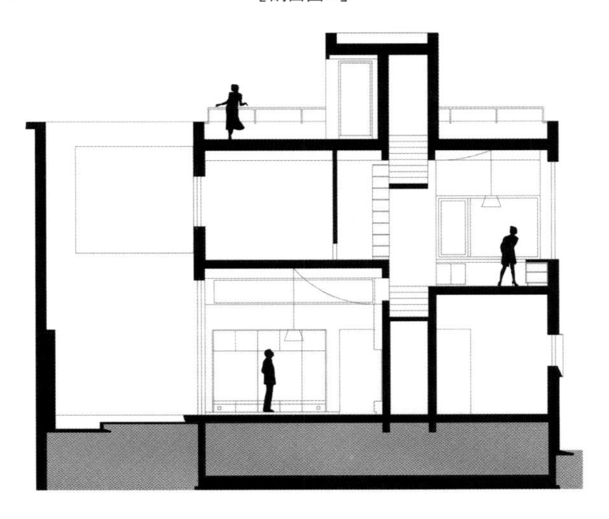

[剖面图 B]

01/ 北侧立面与胡同环境

02/ 东侧立面与相邻城市基建设施

03/ 东侧立面与胡同环境

04/ 拆除之前的旧建筑

设计师让建筑主体离开邻居的外墙，错出一道缝隙，由此一个真正的露天庭院产生了。

被挤死的“联排住宅”变成四面通风、采光良好的“独立住宅”。而南来的阳光也可以在这个大纵深的开口中照射进来。这是设计师挤出的第一道“缝”。

01/ 大起居室和缝中的院子
02/ 缝中院子里的五角枫树
03/ 缝中的院子与天空
04/ 从小会客厅看院子
05/06/ 大起居室
07/ 从玄关看大起居室内部

根据当地的管理要求，改扩建的新房不得超过 2 层。同时邻里的建筑檐口一般高约 10 米，作为背景条件，设计的目标是盖一座高度近 10 米却只有两层的房子。10 米的高度平分为两层，近 5 米的层高恐怕会造成资源的浪费和极大的不舒适感。

最终房子被建成层高变化的形式，高耸和低矮交叉变幻。设计团队在高低之间重新定义了开敞明亮的大房间和隐逸私密的小房间。由于高度的变化，二层平面变成高低起伏的样子。基于建筑面对城市道路和基地本身的不同要求，项目最终形成了左侧下高上低，右侧上高下低的建筑形式，在变化中产生贯穿的“缝”。

05

06

07

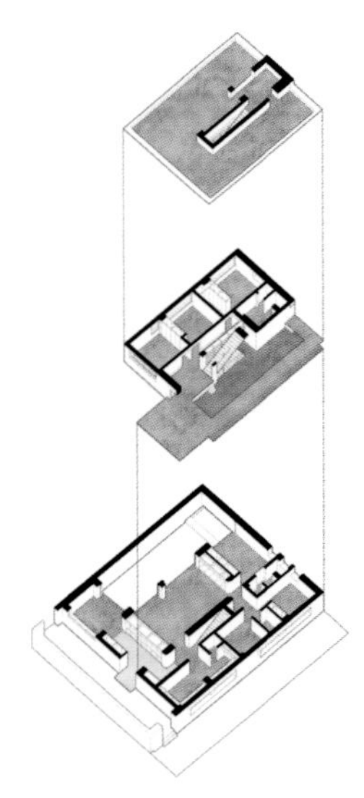
[分解轴测图]

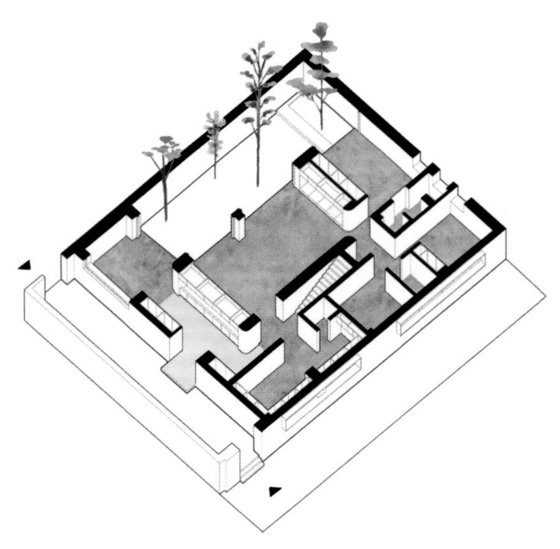
[首层轴测图]

在首层高大的空间中，设计将室内四周封闭的立面降下来，这样在天花板以下 8 米高的范围内形成了贯通的空间，解放了视线边界，使空间具备连贯通达的属性。而二层大书房与其他部分 8 米的高差，延伸变成书柜。

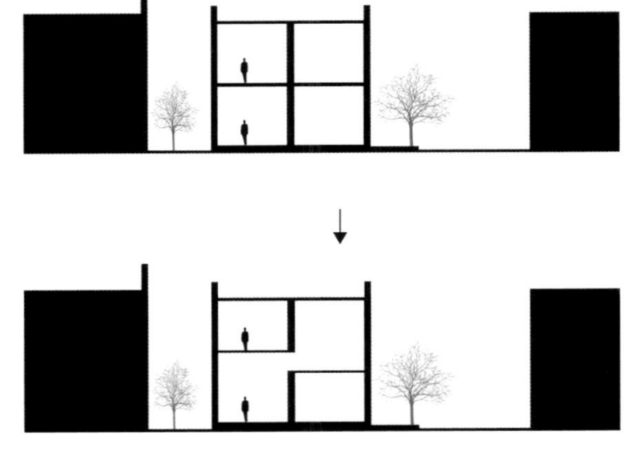

[错层使两侧的公共空间连通起来]

01/ 大起居室

02/ 大起居室与通向二楼的楼梯

03/ 厨房内外分成封闭和半封闭两部分

04/ 厨房三个方向的开窗

05/ 厨房台面上方的窗口

06/ 楼梯和连通公共空间的月牙洞

07/ 二层因为剖面上的错动，产生两种高差

08/09/ 通向二楼的楼梯

01

02

03

04

“缝中之家”项目中建筑空间的高低变化、被扯开的缝隙连通了不同的公共区域。玄关、待客区、餐厅、厨房、起居室、书房这些连接在一起的公共空间和隐逸的卧室形成对比。设计在建筑中塑造了特殊的互动规则，除了睡眠时间，人们因循着看不见的秩序走到一起形成互动关系。而由于构造因素，自然产生的那些大大小小的“缝隙”为这个连贯为一体的场所带来美妙的光影和无拘无束的活动空间。

设计师试图在每个项目里都思考连贯性能带给场所什么。“缝中之家”是一次有意义的尝试。由于技术和习俗的变化，中国当代家庭生活发生了巨大改变。移动互联，让人们慢慢变成自我中心的独立体，而传统中国家庭的那种亲密关系逐渐消弱。

01/02/03/ 二层大书房

04/ 从三层楼梯往下看

05/ 去往三层的楼梯

06/ 书房和卧室间用大书架分割

07/ 主卧

08/ 屋顶露台

台上之家

项目名称：台上之家
项目地址：北京市平谷区
建筑面积：320 平方米
建筑设计：察微（北京）建筑设计咨询有限公司
（察社办公室chaoffice）
摄　　影：朱雨蒙、成直

项目在北京以西70千米太行山的深处。业主夫妇本来是大山里的孩子，这里是他们父母年轻时居住过的祖屋。30多年前一家人都搬到了城里，从此院子被闲置，年久失修，部分垮塌，部分失稳。主人希望重建一座舒适的山中居所。

院子处于一个从谷底向坡上延伸的山村中，比院子更高的平台上相传曾建有一座元代屯兵的军堡。这也是村名“军下”的由来。从村口走到项目现场就是一次登山过程。向上，向上，在每个高度回望，都能看见谷底对面的景色。那是万年来没有变化的大安山和斋堂川。

01

02

03

［基地区位图］

高低变化的街道、幽深胡同、双坡屋顶、低矮房舍、5米进深、3米檐高、由石材或者水泥处理的外墙面，构成村子的总体面貌。设计师无意挑战项目所处的环境，也不希望使新建筑成为某种发明创造。类似的尺度、形态、色彩，让建筑最终隐入了邻里，同时又幽幽地通过局部的异化而获得辨识感。而那些独特的部分属于整个叙事场所内人们活动的外部呈现。

传说中的城堡不见踪影，而充沛的阳光、清新的风和辽阔的视野让拜访者好像能够得到某种自古而来的体验，就如同当年将士在此守望所面对的一切。

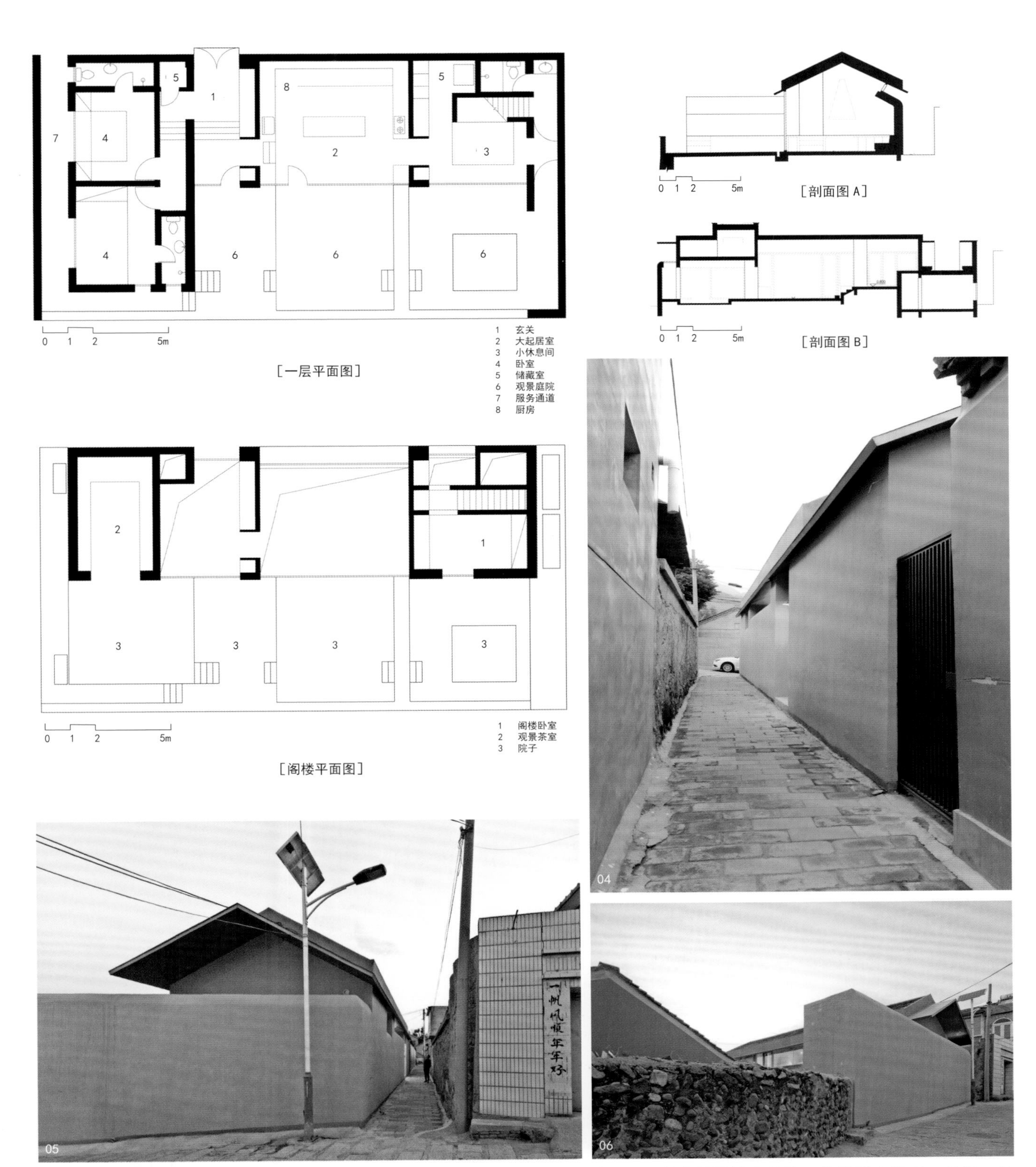

这种体验成为叙事的开端。室内外的对立被忽视，房间之间的区别被忽视，整个场地被当作统一的地形来考虑，就像一处无边的公共平台。北侧是胡同和小路，南侧敞开面对群山和峡谷。对应南侧有高有低的屋顶，台面自身也做相应抬高或者降低的调整，形成“台上的台子”。场地中的人们无论处于任何一个角落都可以看到远方。层层退去的远山也就变成了建筑的一部分。

01/ 远眺建筑

02/03/ 基地原貌

04/05/ 建筑旁的巷子

06/ 建筑透视效果

[剖面效果图 A]

[剖面效果图 B]

该项目地形高差变化比较大，公共空间总体上可以定义为四组空间：最低空间——下沉小客厅；次低空间——餐厨主厅；次高空间——入口门厅；最高空间——半室外敞厅。

最东端是下沉小客厅，设计师在室内外各设置一个下沉深度为300毫米，拜访者可以围坐一团喝酒聊天。

接着进入次低的餐厨主厅，主厅空间可以连接南侧室外，设计师充分运用地势的高差，把厨房台面、室外餐桌等家具安插其中。

再上一级是入口门厅，入口区域可以通往三个方向，向上可以穿过玄关到入口花园；向下可到半地下的卧室，先上再下又可以来到主厅的空间。

最后到达最高的位置，是院子最西端半室外敞厅，位于半地下卧室的上方，在这里就能欣赏大自然的四季美景。

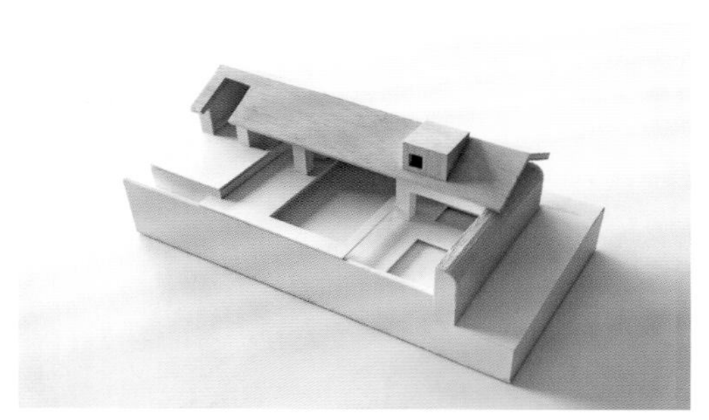

[建筑模型]

01

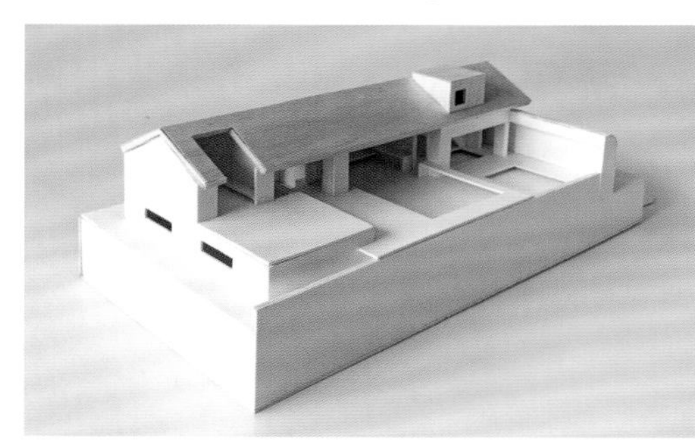

[建筑模型]

[建筑模型]

02

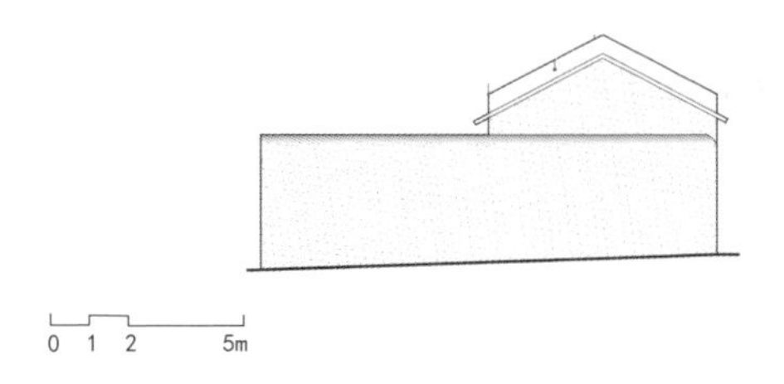

[立面图 A]

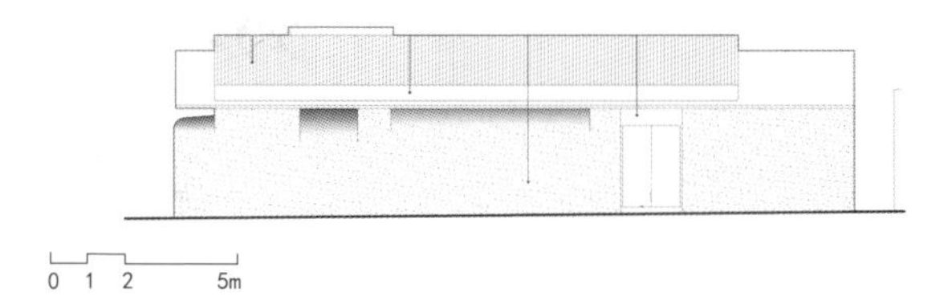

[立面图 B]

01/ 建筑周围环境

02/ 建筑后巷道

03/ 屋顶露台傍晚效果

04/05/ 露台一角

高低变化的地台与高度不变的屋顶之间形成了不同尺度的空间。高低分明的部分，如夹层和半地下的场所被嵌入，变成私密的卧室被隐藏起来。高低接近的部分被连续的台阶连接。400毫米、800毫米的高差形成桌子、椅子、厨房台面。就这样，人们的活动被置入这一系列的小环境中，高大明亮或者狭小幽暗，如同在高山上自然形成的洞穴中生活。

01

02

03

在这个连续升降的地形中，设计试图弱化“墙”作为划分房间的功能。剪力墙与储物空间相结合，变成极厚的体量。而北侧的墙体由于不能开窗，所以顶部向内卷曲，在檐口和墙顶之间拉出一道缝隙。洞口斜着向下，既避开了邻里间要求后窗不对人家的习俗要求，又实现了南北向的通风。于此同时，向下弯折的墙体像树冠一样，为其下方的沙发区域带来了庇护感。当太阳下山，室内灯光点亮，这些缝隙中透出的光芒也为北侧阴影中的胡同带来了照明。

01/ 观景茶室

02/03/ 屋顶露台

04/ 起居室

05/06/07/ 餐厅

08/ 厨房

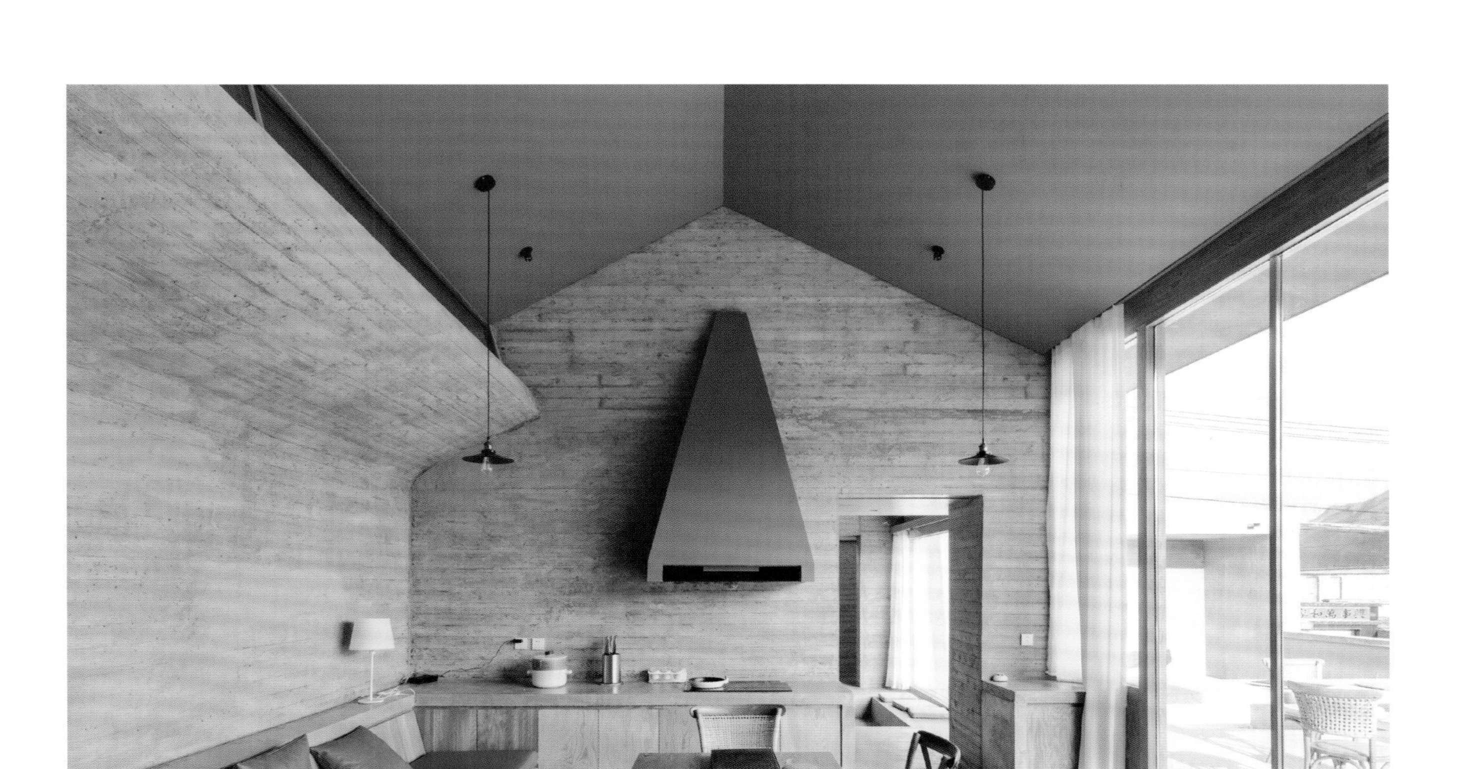
04

05

06

07

08

01/ 小休息间
02/ 餐厅
03/ 露台
04/ 走廊通道
05/ 出入口
06/ 楼梯
07/08/ 阁楼卧室
09/10/ 楼梯通道

平台最高的部位在场地最西侧。因为地面升高而屋顶高度不变，这里的高度无法演化成一个完整房间。设计师索性把这里设置成一个半室外的场所。C字形屋顶压得低低的。一圈沙发地台让人们可以围坐其中。人们在整个场地中最高的位置，喝茶，聊天，吃饭，看星星，这里或许会变成整座建筑中最让人兴奋的场所。

06 07 08 09 10

离开公共大平台，向上或者向下可以到达卧室区域。从阁楼卧室中床头的方窗向南看去，可看到远方山景。

在北京西北方向的群山中，人们逐渐意识到自然、景观、清洁空气、食物、四季分明的体验价值。它们构成了城市人群的美好梦境。当人们回到这里，迎接他们的显然不应该是多快好省的工业产品，或者建造者的异梦。

长城下的住宅

项目名称：长城下的住宅
项目地址：北京市怀柔区
建筑面积：250 平方米
建筑设计：木答答木（北京）建筑设计咨询有限公司
项目造价：211.5 万元（不含软装）
摄　　影：Jonathan Leijonhufvud
（北京唯准平面设计有限公司）

项目坐落在北京长城脚下，原始结构最初建于20世纪中叶，曾作为地下仓库使用，用来储存该村出产的水果。建筑完全由天然石材建造，外形是长21米、宽11米、高4米的长方体。

业主在项目南侧拥有一栋旧宅，地形高于本项目，可以俯瞰仓库屋顶。业主的委托范围是将该仓库改造成4间带卧室的住宅，也可以认为是对旧宅的扩建。

01/ 建筑外观

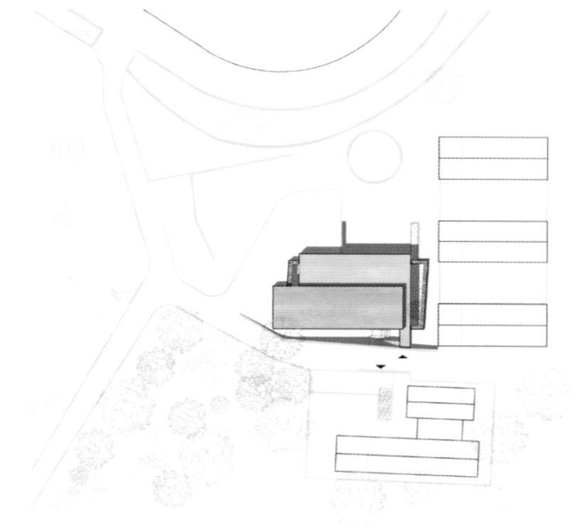

[基地平面图]

[室内轴测图]

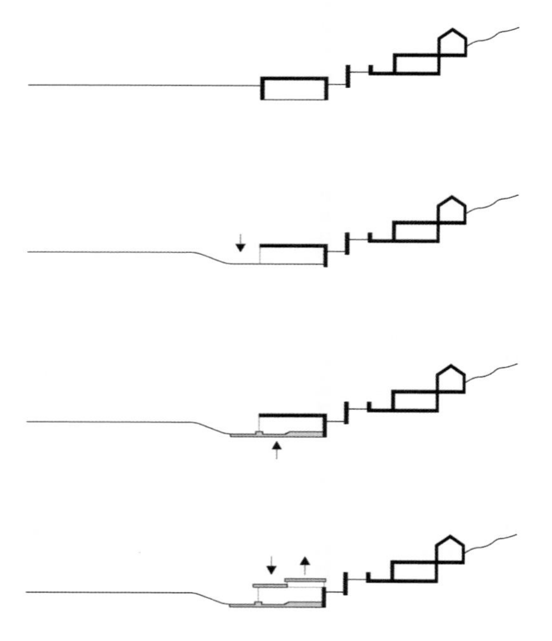

[设计分析图]

仓库朝北，部分低于周围地形，部分嵌入地形。为了给新住宅创造一个宜居的环境，设计师需要针对这些特殊条件找出一个解决方案。

设计策略主要集中在以下方向：增强储物空间和石墙的特征，将尽可能多的光线引入室内空间，并保留业主现有住宅的全貌。

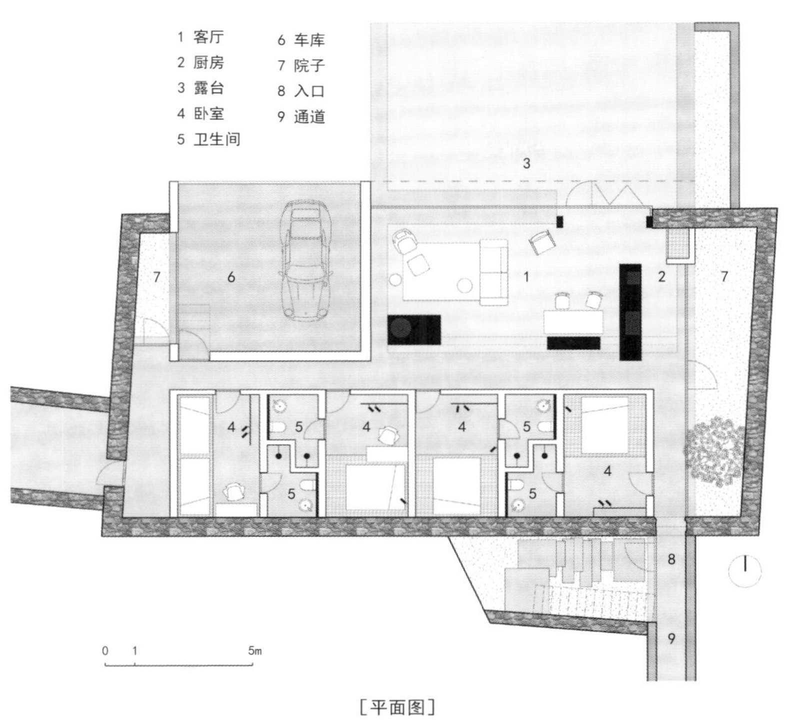

[平面图]

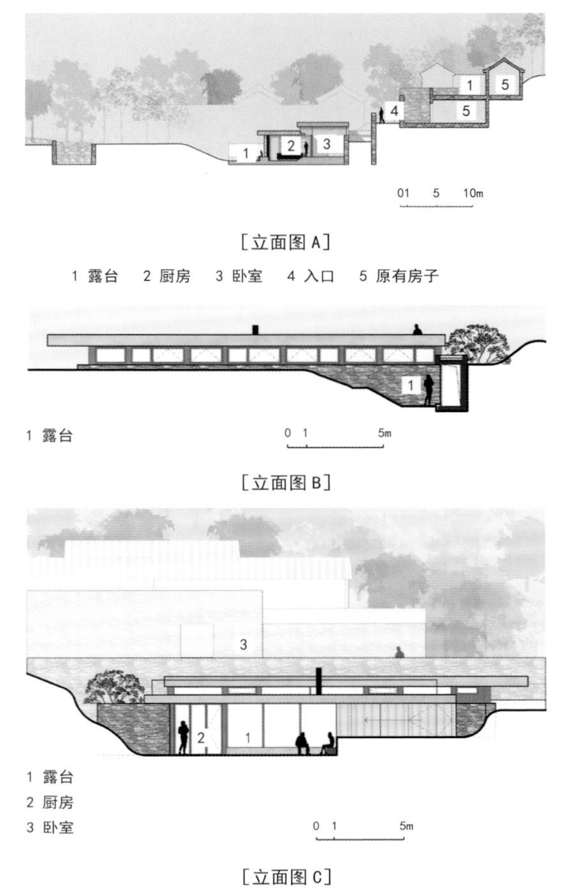

现有的天然石墙在很大程度上被保留了下来，设计充分利用天然石墙以体现其不可取代的地位，新的抛光混凝土结构和白色抹灰内墙与其形成强烈对比。仓库北侧原本的天然石墙被一面大的玻璃幕墙所取代。一个宽敞的露台延长了起居室与用餐区的长度。露台旁边是一个被木材包裹的车库，它被镶嵌在建筑整体里，不是单独在外的。

02/ 建筑部分嵌入地形 03/ 天然石墙

04/ 屋顶与石墙中的空隙 05/ 坡道与屋顶

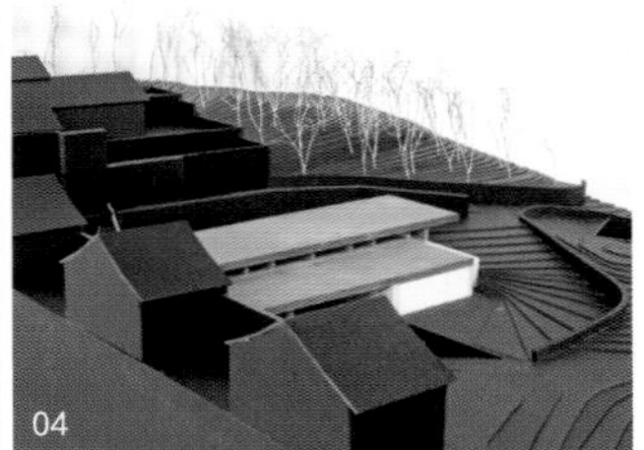

01/02/03/04/ 建筑模型

05/06/ 外立面夜景

07/ 屋顶与石墙的空隙把更多的自然光引入室内

08/ 新房子与现有房子的关系

09/ 用餐区

10/ 厨房

11/ 老石材背景小院子

09

10

11

01

02

03

04

在开放式起居室中，定制的开放式壁炉和黑色厨柜形成了两个视觉焦点，而车库其中一面的木材柔化了起居室的背景。

新屋顶的设计最大限度地引进了自然光。老屋顶被两块不同高度的混凝土楼板所取代，与周围的石墙彼此独立。北侧较低的屋顶覆盖客厅和车库，同时也是屋顶露台，它低于现有的石墙高度。由于北侧屋顶高度的落差，东侧和西侧自然形成了两个花园，可以从不同的角度增加自然光的照射。

01/ 厨房与东面的院子

02/ 用餐区和客厅

03/ 灯光下的厨房与用餐区

04/ 起居室一览

05/ 木材面柔化了起居室的背景

06/ 开放式壁炉

07/ 起居室和院子里的长椅子

05

06

07

将南侧较高的屋顶向西转移，人们就可以自由地通往北侧较低屋顶的露台，还能避免向东院投射阴影。

屋顶在不同的高度上对周边梯田式的地形做出回应。两个屋顶之间的缝隙使更多的自然光进入建筑的中心部分，并在温暖的季节改善自然通风。

南侧是卧室，高高的天花板和高耸的窗户可以让使用者产生享受或沉思的感觉。每间卧室均设有私人浴室。四间卧室由一条通道连接，通过三个台阶与相邻的生活区相连。

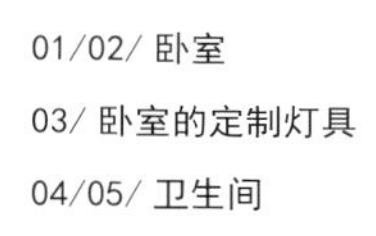

01/02/ 卧室

03/ 卧室的定制灯具

04/05/ 卫生间

06/07/ 挑高的屋顶缝隙让更多阳光照进来

08/ 裸露的天然石墙

04
05
06
08

树下院

项目名称：树下院
项目地址：北京市密云区
建筑面积：326 平方米
建筑设计：空间进化（北京）建筑设计有限公司
摄　　影：史云峰

城镇的复兴需要怎样的建筑，这一直是空间进化最为关注的话题。

如何对待传统建筑一直是乡建中最需解决的问题。作为曾经的农业大国，中国文化的乡愁浓缩于乡村，“原汁原味”固然延续记忆，却存在着种种问题：传统建造材料和结构让建筑的开窗面积严重受限，降低了采光度；对乡野慕名而来的城市客人既向往传统的生活方式，又希望能够享受现代化的便利，他们的体验式居住状态和村落原住民大不相同。我们并不赞成“反现代”的表演，但也认可共同记忆与情感的价值。于是，我们把老房子作为空间的核心，以一种象征性的符号来满足客人对“原生态”的向往。老房子的部分石墙被作为新院落的装饰性外墙。

在北京市密云区巨各庄镇的张家庄村，我们以红果树、小酒馆起笔，用两个“二分半院”（1分地为0.1亩）尝试了现代建筑置入传统的方式。树下院同样是张家庄村复兴计划的一环。它位于村落的一侧，面积较大，功能定位是一所拥有四个房间的精品客栈，可自住、也可经营。设计公司希望尝试不同的设计语言，以差异化的设计来为张家庄村献上别具个性的审美体验。

01/ 树下院鸟瞰图

02/ 张家庄村全貌

［张家庄村轴测图］

树下院是新项目的名字——立于一片白杨树和核桃树之间，东侧是一大片菜地，这种原生态的场地优势是项目的命名来源，也是设计的核心依托点。设计公司希望创造一个豁然开朗的院子，把房屋周围的树木、山峦、阳光以及使用者的各种活动场景都容纳其中。

原有的老建筑是整个院落的核心，由于无人居住、年久失修，老房子的结构不太稳固，木材也已腐蚀，空间压抑且室内灰暗，不符合当下审美和品质生活所需。但建筑原有的风貌却颇具特色：木窗框、砖石墙、瓦屋顶，无一不是当地民居的记忆符号。设计公司对之进行精心的修缮和保护，保留了历史痕迹；同时为保证安全，在老房子的内部增设钢结构以加固，全屋更换了防水瓦和屋面瓦。

［树下院轴测图］

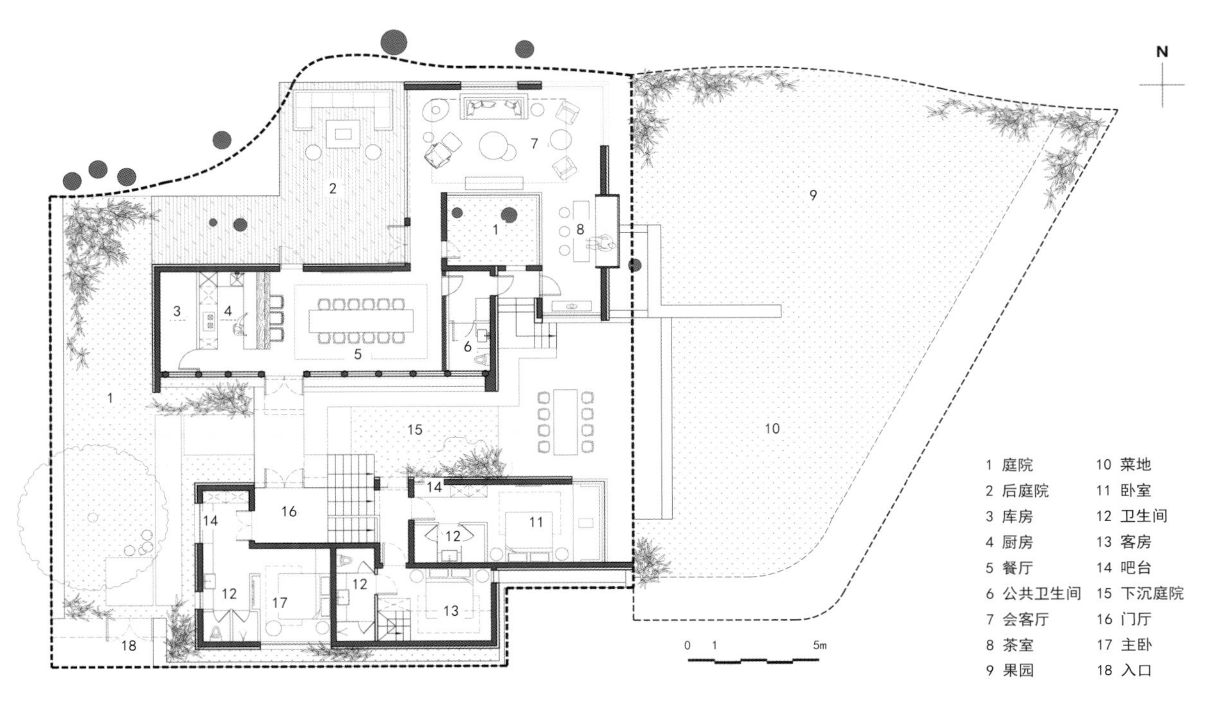

[平面图]

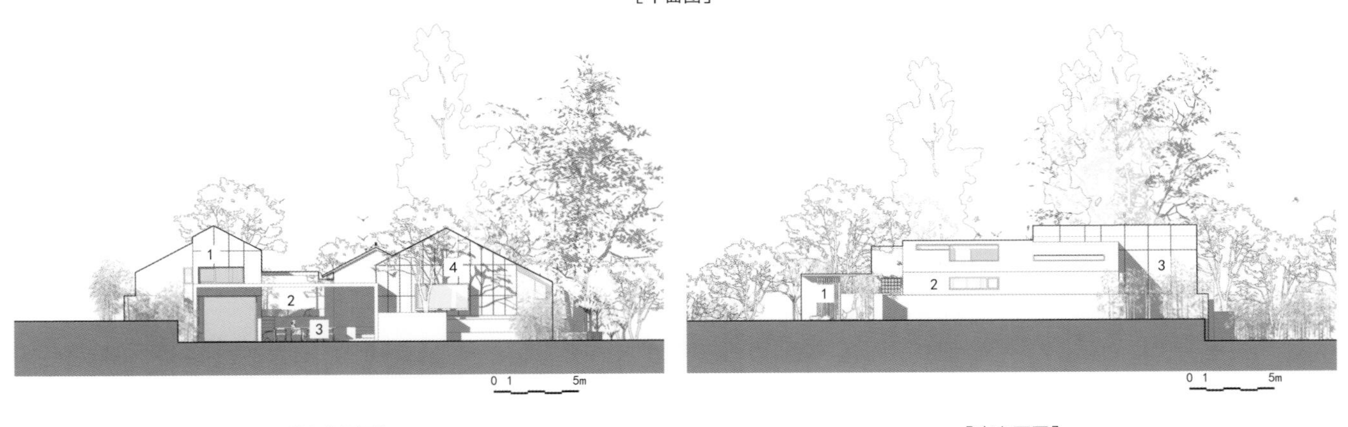

[东立面图]

1 卧室 2 庭院 3 室外餐厅 4 茶室

[南立面图]

1 入口 2 主卧 3 卧室

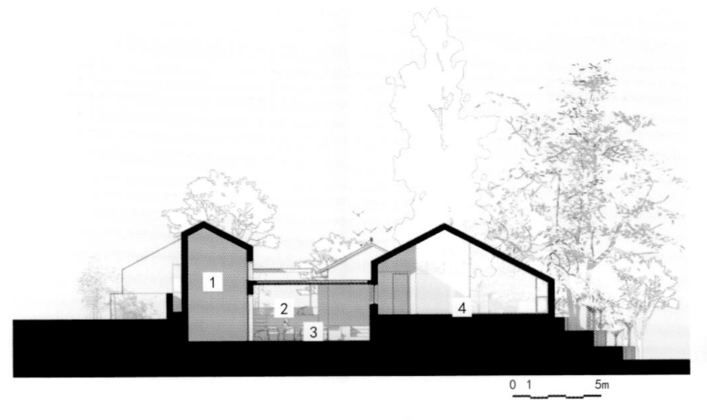

[南北剖面图]

1 卧室 2 庭院 3 室外餐厅 4 茶室

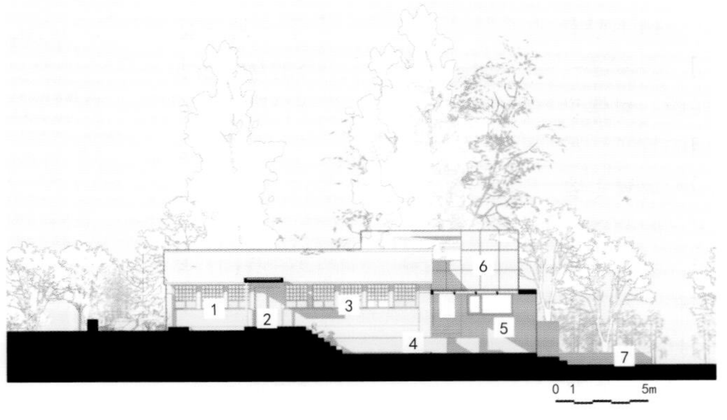

[东西剖面图]

1 厨房 2 餐厅入口 3 餐厅 4 公共卫生间 5 茶室 6 会客厅 7 菜地

场地东西方向的高差丰富了院落空间的形态。设计依据地形做台地处理，定义出差值1.4米的上下两部分。在平台分界处，新建筑与旧建筑由一个玻璃顶黑色金属连廊相接，从室外伸展至建筑内部，模糊了院子与房子、内外空间的边界。黑色金属盒子紧贴新旧建筑生长，分别成为两栋主体建筑的一部分，同时又向场地东侧伸出“触角”，彼此相连。作为关联体的金属盒子将南北两座主体建筑和人流聚集于一处，也为建筑内部空间的排布创造了新的可能性。

01/ 下庭院立面

02/ 茶室连接室外餐厅

03/ 下庭院

04/ 室外餐厅连接茶室

05/ 下庭院的室外餐厅

06/ 从新房子里看向老房子

07/ 从上庭院看向下庭院

08/ 连接新老建筑的雨廊

09/ 傍晚的室外餐厅

10/ 用作公区的老房子

11/ 老房子的石墙

12/ 老房子改成的餐厅

老房子作为新院子的餐厅，内部的屋面结构被保留、加固，天然的材料成为一种装饰，提醒着观者此处一切食物孕育自天地自然。室内的家具与器物亦与之相匹配，圆润的木材以天然的色泽再度强调空间的质朴雅趣。

老房子作为新院子的餐厅，内部的屋面结构被保留、加固，天然的材料成为一种装饰，提醒着观者此处一切食物孕育自天地自然。室内的家具与器物亦与之相匹配，圆润的木材以天然的色泽再度强调空间的质朴雅趣。

而真正的居住空间位于老房子的南侧，灰色的水泥房按照老房子的形态与比例而建，因现代结构的介入而能开设大小不一、高低错落的窗户与天窗。材质上，主建筑清水混凝土外墙与石墙一样，以粗糙的形态裸露于观者眼前，形成现代语境下的“原汁原味”。

01/ 树下的客厅与露台

02/ 树下的院子

03/ 与老房子连接的客厅

04/ 从露台能看到北边的果园

05/ 从庭院看向客厅

06/ 老房子屋后的树

07/ 客厅

05

06

07

根据场地地形，东侧的连廊设于负1.4米标高位置，并创造了新的屋脊高度。地形高差增加了室内的净高。在新建筑部分，利用这处增加的高度，设计师设计了一间位于二层的卧室和一间拥有阁楼的亲子书房，为不同家庭结构的使用者提供了自由选择。而在北侧，公共空间从传统建筑的外壳脱胎，蔓延至新的金属盒子。内庭院将场地原有的植株保留下来，环绕它们布置了客厅与茶室。透过大面积玻璃窗，庭中枝丫跃入眼帘，营造出树下生活的惬意场景。

除客厅内庭院的设计外，场地内的观景平台也为原有树木做出退让，最大程度地减少对场地生态环境的破坏。室内以大面积白墙为底，如同幕布，让树影婆娑投影其上，这种处理手法即节约了成本，同时又响应尺度和场地记忆。

01

02

03

04

05

设计让建筑以谦卑的姿态进入历史与自然当中，让建筑形体交织围合出的轮廓与大大小小的窗户形成形态各异的取景器：在这里，平视观山、树，仰视望星、云，俯视瞰草、石，漫步传统与现代之中，步移而景异。

01/ 客厅的转角窗
02/ 客厅的内庭院
03/ 客厅的白天
04/ 新房子的门厅
05/ 露台的阳光映进客厅里
06/ 老房子连接客厅的廊道
07/ 门厅里的天窗
08/ 客房
09/ 有阁楼的亲子房间
10/ 主卧室
11/ 主卧室的卫生间

荏苒堂

项目名称：荏苒堂
项目地址：北京市延庆区
建筑面积：200 平方米
建筑设计：神奇建筑研究室
项目造价：120 万元（含软装）
摄　　影：朱雨蒙

“荏苒堂开工之前，基地是一片由砖墙围起的废墟，建成之后，它似乎还是一片由砖墙围起的废墟。我感觉，我们的目的达到了。”

——神奇建筑研究室

从2018年冬天开始，几个建筑师陆续在北京远郊的一个村子里盖了些房子，这些房子的基地各不相同，有的傍山，有的临路，有的依托于百年老屋，有的就是普通村舍的一部分。而荏苒堂的所在地原是一片废墟。

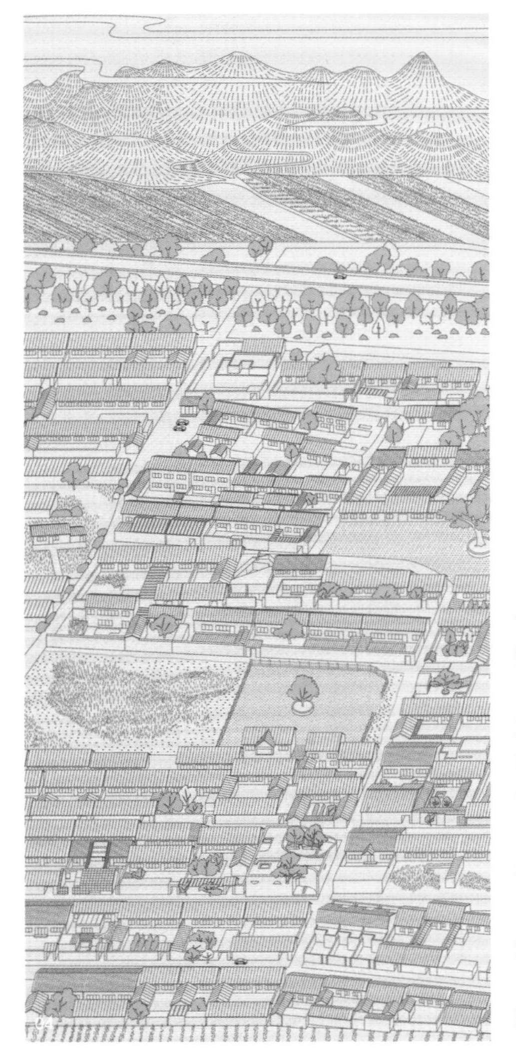

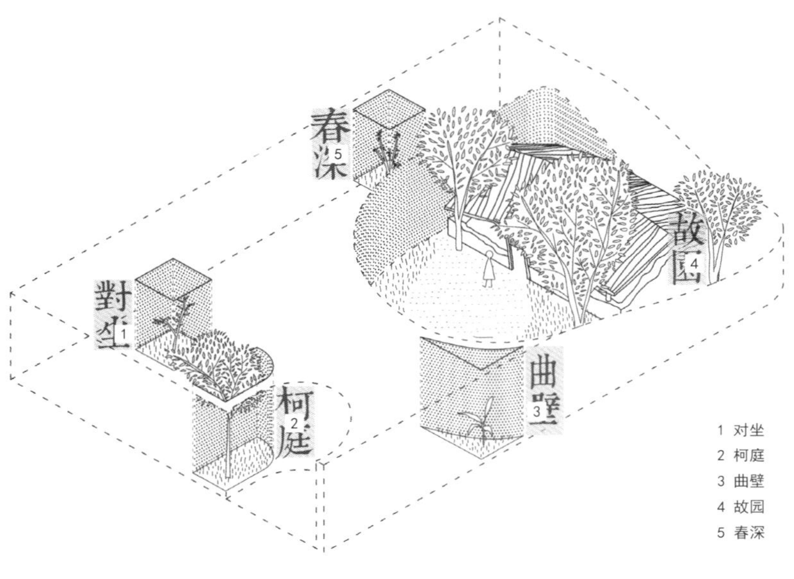

[庭园布局图]

基地所在的后黑龙庙村北依海坨山，南临官厅水库，是15世纪形成的几百个长城卫屯中的一个。但今天，它就像其他京郊村落一样，在无序的更新和运动式的基础设施建设中，逐渐稀释了与土地和历史的关系。

基地在村子中心，是个废弃已久的老屋。环顾四邻，只有它还保持着工业时代之前的面貌。老院墙已湮没大半，以至于需要重新砌筑一道砖墙来圈出它的边界。在漫长的时光里，被砖墙包围的破败老屋和几株探出墙外的老树，是它留给村民的日常风景。

迈进院子，满目是倾颓的老屋和古树荒草。但颓垣之间，曾经的生活场景仍可想象。

虽然它们很难被归为传统意义的美，但这些景象中无疑蕴含了巨大的信息量。它们构成了此刻与过去的纽带，这种与往昔的奇妙链接令人着迷。

于是设计师对这片已无修复可能的废墟进行了测绘，而新建筑也尝试着收藏这些“特殊”的风景。

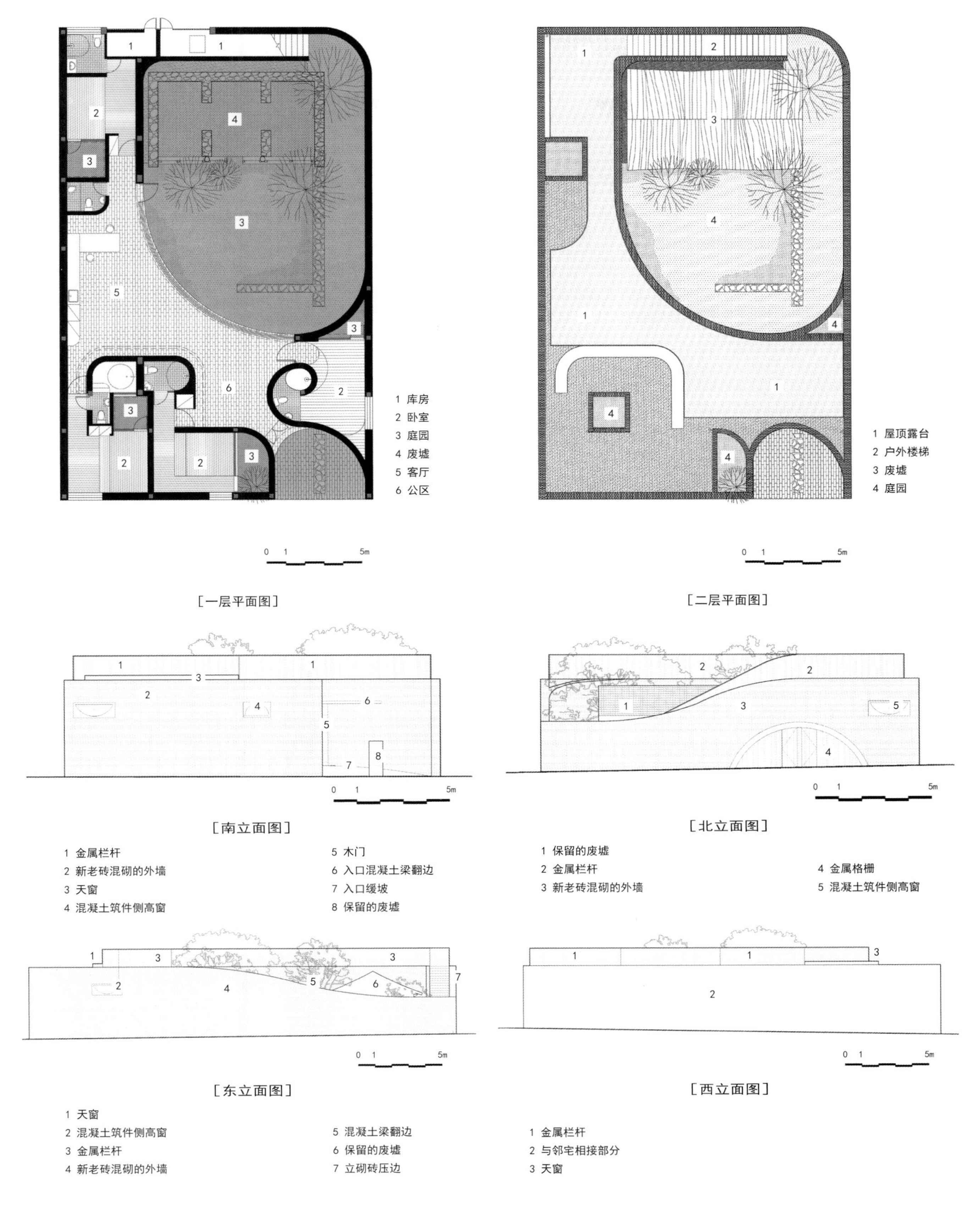

01/ 建成前的茬苒堂　03/ 村落中心的老院废墟

02/ 茬苒堂顶视图　04/ 后黑龙庙村当代混杂图景

01

02

03

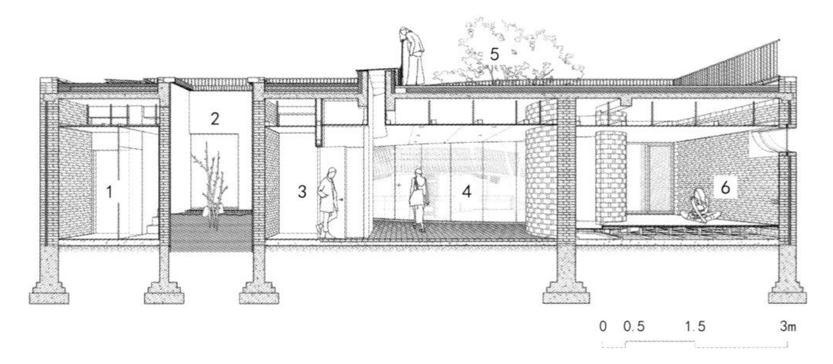

［剖面图 A］

1 卫生间	4 庭园
2 居室小庭园	5 屋顶露台
3 卧室入口	6 卧室

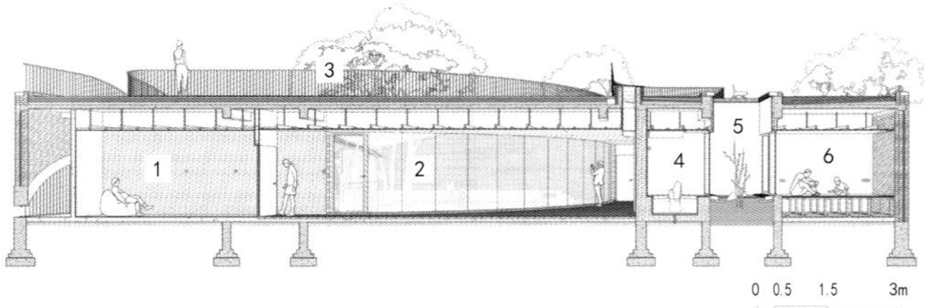

［剖面图 B］

1 卧室	4 卫生间
2 庭园	5 居室小庭园
3 屋顶露台	6 卧室

在基地中保存一片废墟，而不是将它修葺一新或者彻底拆除，是需要勇气的。

时光流转，老屋还会继续坍塌，新树还会继续发芽。有一天，院中的老屋最终可能会变为一堆瓦砾。但没关系，彼时它仍然是这座建筑的一部分。人们会和它在不同的时间相遇，标记彼此生命的痕迹。

古人描述时间，会用到“时光荏苒”。“荏苒”原指草木繁茂的样子，大概就是现在庭院里的情景吧。建筑的名称“荏苒堂”，即出于此。

04

05

06

07

01/ 项目外观

02/ 荏苒堂已经成为乡村日常风景的一部分

03/ 在新围墙的环抱中，繁茂的老树和老屋塌陷的瓦顶，依然是村中的日常风景

04/ 层层砖墙围合出记忆的乌托邦

05/ 庭园也慢慢呈现出乡村生活的质感

06/ 庭园中的孩子们

07/ 新的生活将发生在曾衰败的旧遗迹之间，空间重新有了生机

01

02

03

04

05

06

07

风土塑造了当地的生活方式，新建筑从这个村庄最古老的部分生长出来。设计希望荏苒堂能重构北方的乡村生活，于是在建筑空间中插入了不同层次的庭园，为四组居室都营造了私属的户外空间。这些院落都很窄小，但为每间居室提供了恰当的采光通风和静谧氛围。

01/ 屋顶平台连接了不同的庭园

02/ 黑夜中静谧的庭园

03/ 庭园如同巨大的钟表记录着时间的逝去

04/ 人们能通过主庭园里的阶梯拾阶而上

05/ 主起居厅在新旧院落的对视间产生，废墟场景成为大厅内的一幅画卷

06/ 废墟像一个垂暮的老人，注视着周围环境的变化

07/ 废墟之外，真实的生活在继续奔跑

01

02

03

04

设计师造房子时用了很多老材料，比如原来围墙的红砖、不远处老屋拆下的青砖，反正将能收集到的都混砌起来。好在工匠们对设计方案理解起来并不难，似乎千百年来他们就是这么干的。因此房子盖好后，与周边环境结合得很自然，乡亲们并不觉得这是个很扎眼的新家伙。

摄影师在拍摄北立面时，总也拍不全，因为一辆农用车常年停在房子的东北角上，后来也就慢慢释然了，这辆车和这座建筑一样，都是日常风景的一部分，它们早晚要握手言和。拍摄照片时，邻院的小朋友来做模特，闲聊之中，发现这里曾是他们的“老家”。难怪当他们看到院落中熟悉的老屋时，兴奋地不断在空间中奔跑。

看这些孩子的年纪，应该没有在这所老房子中居住的经历。但这所荒宅风景的日常，大约已是深深植根于他们的生活经历，拍摄的最后，突然有些羡慕他们，在这个城市与乡村物理空间都飞速变化的时代，能不断和童年风景重逢也是一种幸福吧。

荏苒堂不过是这个乡村物理空间变化的一个片段。不指望一所小房子能改变什么，但希望在某个局部带来一种乡村风景的新平衡。

期待人们重新审视历史痕迹的意义，也期待人们能发现废墟与时间的美，更期待人们能重新关注这片土地，让它们能够重新被艺术描绘和歌颂。

01/ 为了留存老院子的遗迹，曲线形成的各种环抱空间成为建筑的主体

02/ 不同的庭园框定出不同的生活范式

03/ 若干年后，当这些孩子再次和这片废墟相遇时，可能彼此都变了模样，这便是时间的美妙

04/ 废墟继续维持原状，作为建筑景观的一部分

05/ 建筑随形就势，产生了丰富的形体

06/08/ 让旧材料在新空间中展现出新的形式感

07/ 宁静的居室小庭园与老院中的树木形成了新的风景

09/10/11/ 卧室内景

互舍

项目名称：互舍
项目地址：北京市延庆区
建筑面积：220 平方米
建筑设计：神奇建筑研究室
项目造价：90 万元（含软装）
摄　　影：朱雨蒙

追忆

后黑龙庙村位于北京市延庆区海坨山下，夏日青翠的高粱地和冬季冰封的水漫树林是其典型景观。这里充满了北方乡村特有的宁静、舒朗和萧索——蝉鸣、朝雾、红砖房和深秋醉蓝的天空，抛却了古典绘画的诗意想象，像极了当代写实主义油画充满张力的日常即景。

“历史的结束便是记忆的开始”（阿尔多·罗西），这处 20 世纪 80 年代兴建的房屋起初被用于婚房，即便已经破败，仍散发着当年幸福的气息，之后便接受悠长岁月的点滴磨蚀。北方乡村上一段轰轰烈烈的生活史终结于伴随新技术媒介而来的城市化进程，青年人进入县城或市区就业，房屋开始空置。乡村更新重启，很多老房屋作为民宿，等待着被解构。

三开间的坡顶砖房和其前院构成了 183 平方米的场地。而平瓦的屋顶、清水红砖墙面、浅绿色的窗框则是基地的一种馈赠，其潜在的丰富性需要特别的诠释，“即便在花园消失很久之后，播下的植物还会结果”（塞巴斯蒂安·玛若特）。

01/ 项目鸟瞰

02/ 入口

03/ 新房与老屋形成“互”字形的结合关系

04/ 坡顶在庭院中变为墙体

05/ 雨后湿漉漉的村间小道

06/ 瓷砖在傍晚或是雨中透出冷冷的蓝色调子

07/ 项目俯瞰

08/09/ 项目旧貌

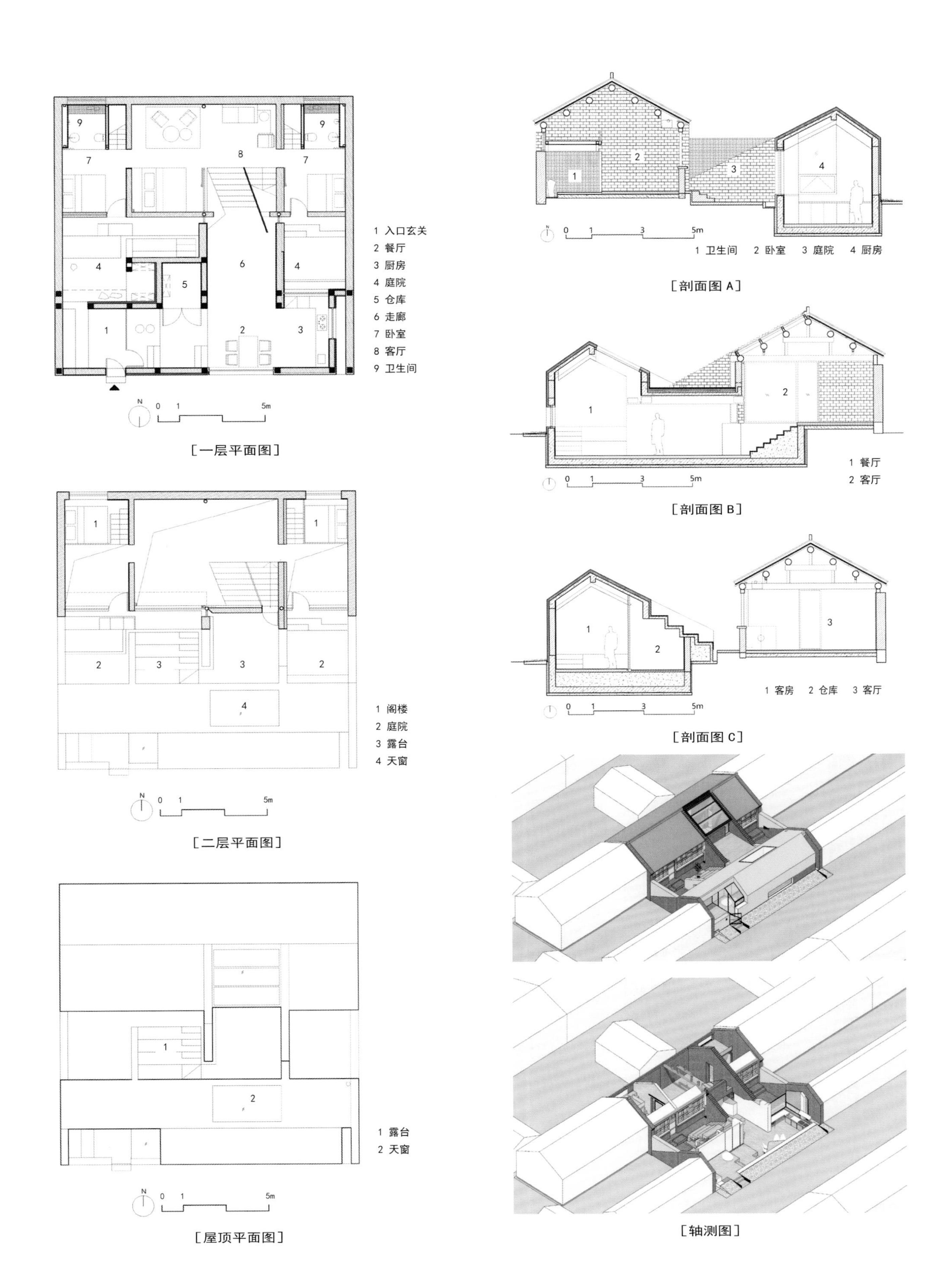

［一层平面图］

［二层平面图］

［屋顶平面图］

［剖面图 A］

［剖面图 B］

［剖面图 C］

［轴测图］

01

02

03

关系

30 多年后的今天，这里将会迎来新的家庭——朋友或是新人们。时光穿越，相逢恨晚，家庭的温度却始终不变。 两重岁月，如何相见？让新生活取代旧情感，拆倒重建？还是膜拜历史，原样保留？设计师认为应该让二元对立的新旧关系融合为“形式的共产”——给一件物品赋予新的含义，就已经是在生产了（尼古拉·布里奥）。

04

05

01/ 项目外观

02/ 入口玄关

03/ 从玄关看向庭院

04/ 阶梯露台

05/ 北楼天窗

01

02

03

互舍的“互”体现在以下三个层面

首先是新旧房屋的造型“交互”，村庄的传统坡屋顶形式和让人感到舒适亲切的尺度成为了隐形的记忆，在设计中延续。南北两房交错的位置形成“互”字般的咬合空间，为了使原本逼仄的室内空间体验感放大，南侧的新屋被下挖，人们再通过上升的楼梯进入北房，这样看似多余的“设计动作”让空间因高差变化而变得生动，洞穴般的居住体验也由此而生。

04

05

第二层是关于材质“交互”的表达，设计师希望能够延续红砖绿窗的记忆。瓷砖这种华北乡村常见的建材满足了村民方便打扫卫生的朴素需求，设计师不想为了“建构”欲望而刻意暴露真实的建筑材质，也不是要“民粹”般地歌颂流行乡间的大白瓷砖，所以“天青色”的瓷砖被选作南房的表皮，瓷砖绿和砖红形成“大俗”撞色，却充满了火热的生活质感。

第三层“交互”是室内隐藏的一条闭合流线，“圆形”路径似乎也隐喻着“园”，其起于入户的玄关庭院，接着到现代感的南房，继而通过“山谷”步入充满怀旧气氛的北房，通过小洞口爬上露台，从大阶梯上再步入庭院和卧房，完成 “山居巡游”。这种伴随“现代性”而生的运动感并非新生事物，100 多年前阿道夫・路斯的 “螺旋空间”住宅即给出了答案。今天，在室内欢快奔跑的孩子和时时来访的小猫似乎对其仍然兴趣盎然。

01/ 公共区

02/ 入夜的餐厅

03/ 餐桌和框景

04/ 餐厅上方的大天窗

05/ 厨房

在北京，湿热的夏季和干冷的冬季周而复始。雨水让人既爱又恨，从天而降，涓涓细流，归于土壤，这种雨水循环在互舍可收集更多的雨水。经过屋顶汇聚的雨水，经过“沟渠”从中部露台蜿蜒汇至庭院，继而沿着碎石路径流至道路明沟，这些过程从庭院到室内被居住者耳闻目视，在雨天形成生动的景观体验。而在旱季，碎石铺地则呈现出“枯山水”的景象。

01

02

03

自然的媒介

在北京，湿热的夏季和干冷的冬季周而复始。雨水让人既爱又恨，从天而降，涓涓细流，归于土壤，这种雨水循环在互舍可收集更多的雨水。经过屋顶汇聚的雨水，经过“沟渠”从中部露台蜿蜒汇至庭院，继而沿着碎石路径流至道路明沟，这些过程从庭院到室内被居住者耳闻目视，在雨天形成生动的景观体验。而在旱季，碎石铺地则呈现出“枯山水”的景象。

04

05

06

07

08

卡尔维诺说："你跑了那么远的路，只是为了摆脱怀旧的重负！"当民宿和旅行成为丰裕社会的生活形态，居住者不仅能看到华北乡村的记忆拼图，还能轻松地看看明天，新旧共生。

01/ 南北两房的坡线在室内外转为楼梯和斜墙
02/ 老房子保留下来的木梁
03/ 曾经昏暗的老房子重新沐浴在阳光之下
04/ 从新房看向旧房
05/ 在屋顶巡游的野猫
06/ 老房的红砖和绿窗
07/ 绿瓷与红砖交相呼应
08/ 室内楼梯

四合宅

项目名称：四合宅
项目地址：河北省唐山市
建筑面积：265 平方米
建筑设计：建筑营设计工作室
项目造价：300 万元
摄　　影：王宁

该项目地处市郊，地势平坦，周边由果树林、农田和溪流环绕，风景优美。场地东侧毗邻一座粮食加工厂，它是一座坡屋顶围合式建筑。用地上曾有一栋木屋，是十多年前典型的木结构产品样式。为了追求更好的空间品质，户主决定对其拆除并在原址新建一座房屋。建筑的基本功能是休闲度假，既可以居住，也可以用来接待客人。

01

01/ 四合宅俯瞰

01/ 宅院俯瞰

02/ 宅院鸟瞰

03/ 外立面四个方向的房屋对外封闭

04/ 可作为公共活动空间的室外平台

05/ 四向房屋向内支撑起一片坡屋顶

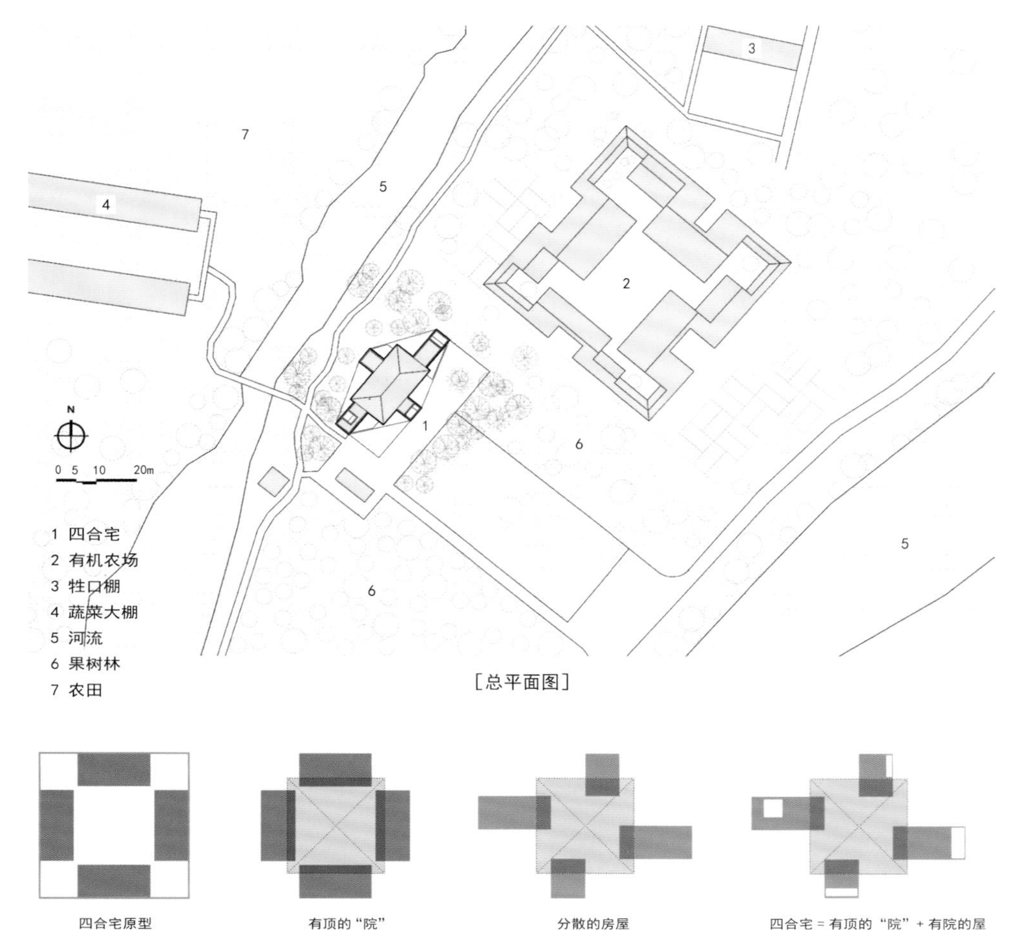

[总平面图]

[概念图解]

从四合院到四合宅

设计概念源自传统居住空间原型——四合院。四合院是一种内向型的建筑，由四向房屋围合成一个庭院。建筑外部是封闭的，进入内部则完全开放，这使得个体生活缺乏私密性。结合这个特定场地和度假休闲的使用需求，设计团队决定把四合院变形成“四合宅”。

在保持四向房屋各自独立的条件下，将“院”置换为有顶的厅，将四面围合转变为四面开放，让厅堂与外部优美的风景互通共存，同时保证个体生活的私密性与接待活动的开放性各得其所。

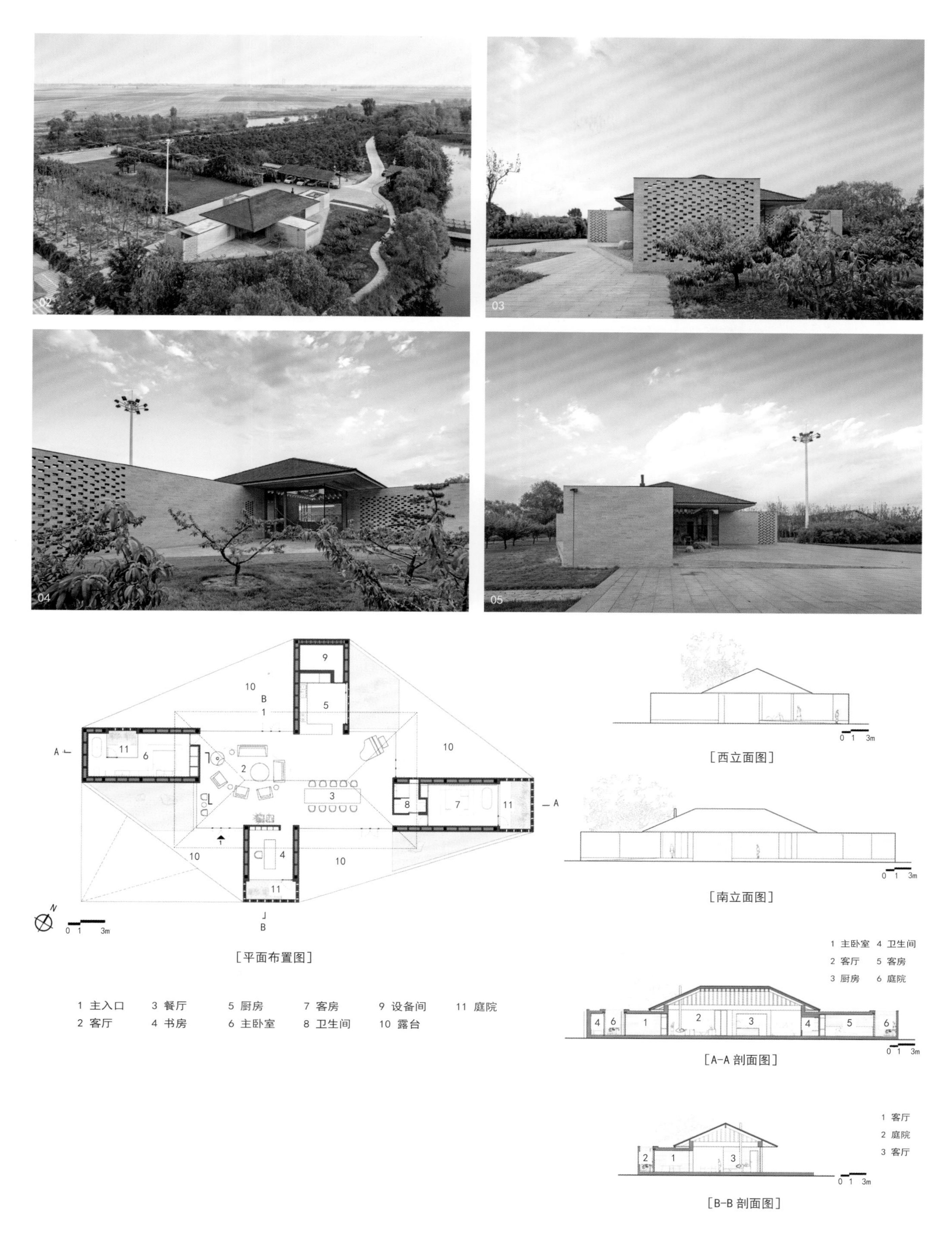
02
03
04
05
[平面布置图]
1 主入口 3 餐厅 5 厨房 7 客房 9 设备间 11 庭院
2 客厅 4 书房 6 主卧室 8 卫生间 10 露台
[西立面图]
[南立面图]
1 主卧室 4 卫生间
2 客厅 5 客房
3 厨房 6 庭院
[A-A 剖面图]
1 客厅
2 庭院
3 客厅
[B-B 剖面图]
0 1 3m

01

02

03

04

05

屋中有院，厅外有台

整座建筑建立在台基之上，四向房屋分居于台基的四角，共同构建出建筑的领域界限。四个房屋对外封闭，对内则包含不同尺度的内院，为室内提供景观和采光。

房屋容纳了住宅中私密性功能和服务空间，比如卧房、书房以及厨房、设备间等，它们相互隔离避免干扰。由四向房屋向内支撑起一片坡屋顶。

屋顶之下是一个自由灵活的公共活动区域，可以会客、就餐、进行钢琴演奏等。透过透明的玻璃门窗，公共活动亦可向外延伸至四个方向的室外平台，共享周边绿意盎然的风景。

01/ 室外活动平台

02/03/04/05/ 宅院夜景

06/08/ 从起居室看向餐厅

07/ 室内公共区一览

09/ 建筑模型

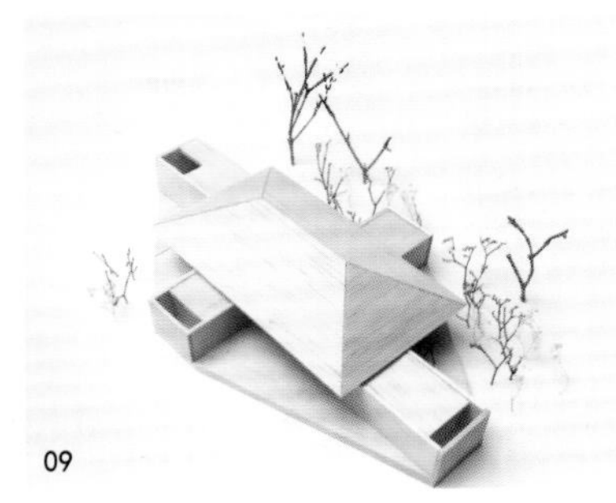

01/ 从餐厅看向书房

02/ 起居室细部

03/ 厨房

04/ 带有内庭院的卧室

05/ 卧室细部

04

05

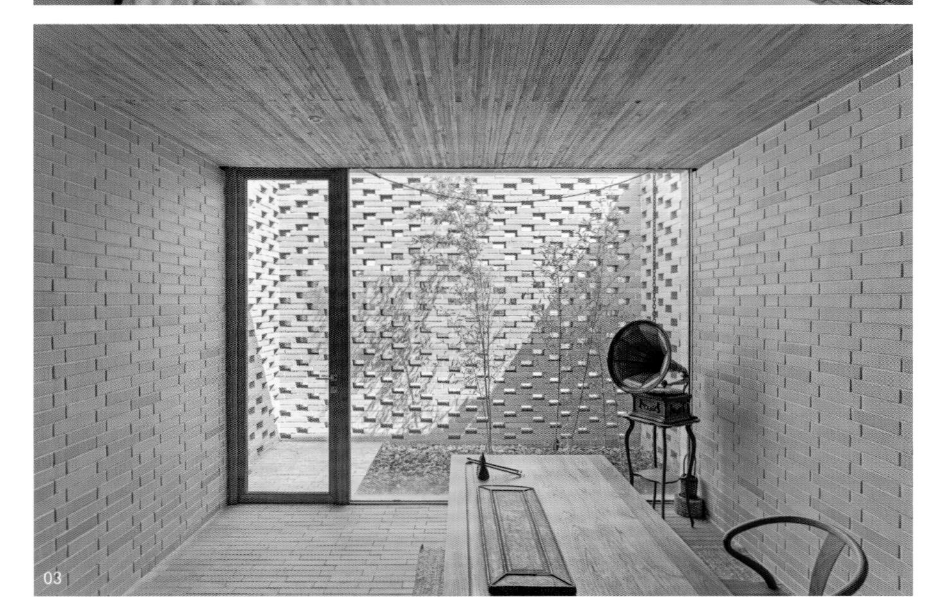

显现物料的朴素之美

设计师控制空间、结构与材料的逻辑关系，围绕乡村休闲空间的基本特征，呈现物料的本真之美。四间房屋采用钢框架 + 混凝土板，现浇木模板混凝土顶板直接显现于室内空间之内。墙面使用了一种米黄色页岩砖。

设计利用双层清水砖墙构造，在墙内空腔设有保温层，保证热工性能的同时，也保持了内外一体的砖材料肌理和质感，并隐藏结构、空调等设备管线。墙面在庭院部分由实砖渐变为漏砖，让房屋内外保持着光线和空气上的流通。

室内外台基地面也全部由米黄色砖铺砌而成。公共空间屋顶采用了木结构密肋梁，屋面覆盖火烧板屋面瓦。木与砖材料的结合共同营造出室内空间朴素、温暖、自然的氛围，并且由壁炉、餐台和钢琴进一步定义了不同公共活动区域。

01/02/ 卧室的墙面在庭院部分由实砖渐变为漏砖

03/ 书房

04/ 建造过程

05/ 宅院外观的砖墙

06/ 墙面材料细部

原始木屋

基础开槽

钢构框架

幕墙安装

屋顶木构

保温铺设

木瓦铺设

04 红砖砌筑

05

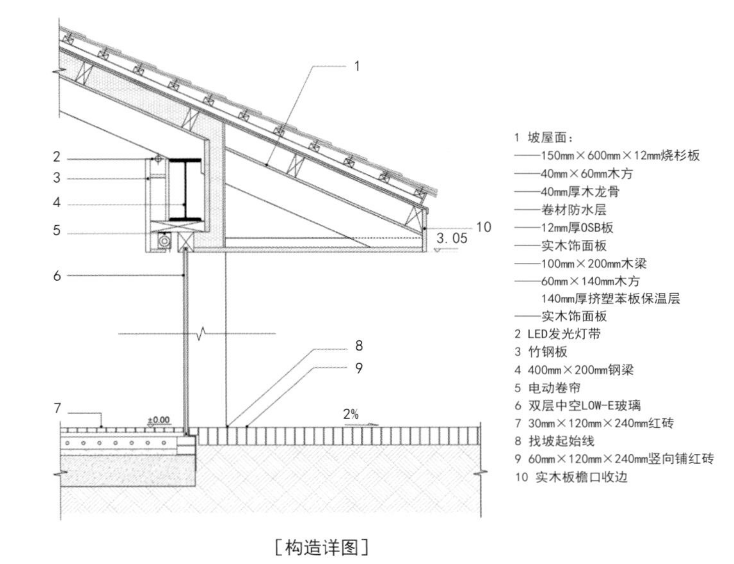

[构造详图]

06

雨宅

项目名称：雨宅——木匠的家
项目地址：重庆市垫江县
建筑面积：195 平方米
建筑设计：小写建筑事务所
项目造价：80 万元
摄　　影：何炼、直译建筑摄影

记忆

和 20 年前相比，公路交通成了重庆东部丘陵地貌里的一种显著的大地景观。它的曲折迂回与多样的地貌交织在一起，极大地改善了当地居民的出行问题；同时带来的改善，还有村民的收入、补贴，自来水、天然气以及光纤网络的入户，村口的广播喇叭还不时地播放着中央人民广播电台生动的惠民致富节目，令人恍惚地感觉这是 30 年前的场景。

50 年来，渝东传统的新居建造几乎没有考虑任何朝向，能在不大的用地上获得有效的建设面积，并满足“罗盘”的指向，显得极为重要。在少年的记忆里，在三开间的老宅，总是有大把时光面对夕阳。视线对岸的中心是有 200 年树龄的黄角树，背光成剪影，依然抹不去。而石砌的单榀墙、自制的水泥空心砖、钢筋混凝土预制楼板是 20 世纪 80 年代民居的主要建材。小扇的窗口上寻不见玻璃，木框摇摇欲坠。

这些记忆的影响，逐渐成为一种图景，取代了建筑师原始的切入点。

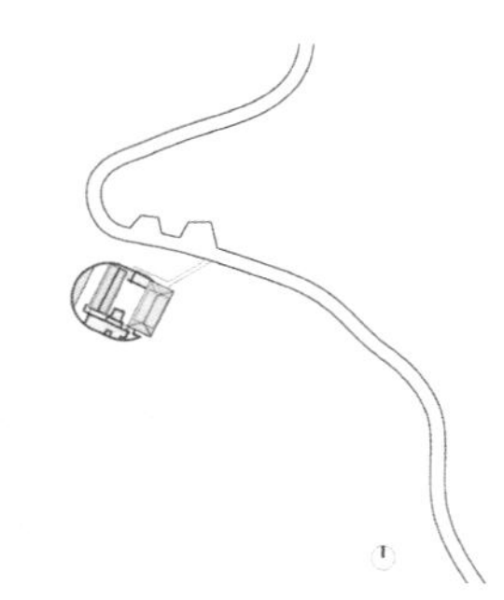

[基地平面图]

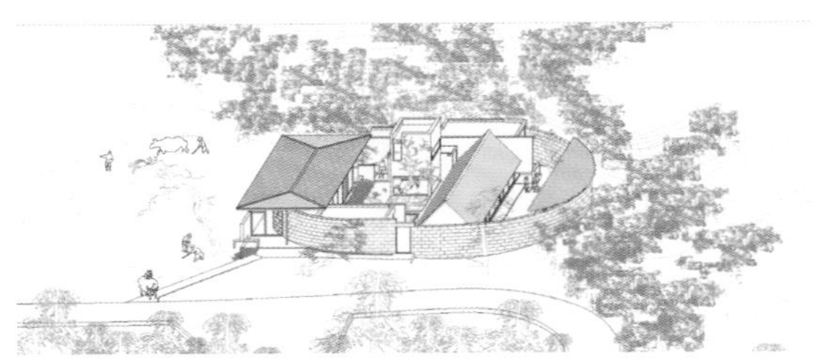

[等轴测图]

[剖透视图]

组合

新的建筑替代了原有的危房，异地重建的选址避开了耕地和林地红线，同时获得了便利的交通，坐落得“刚刚好”。

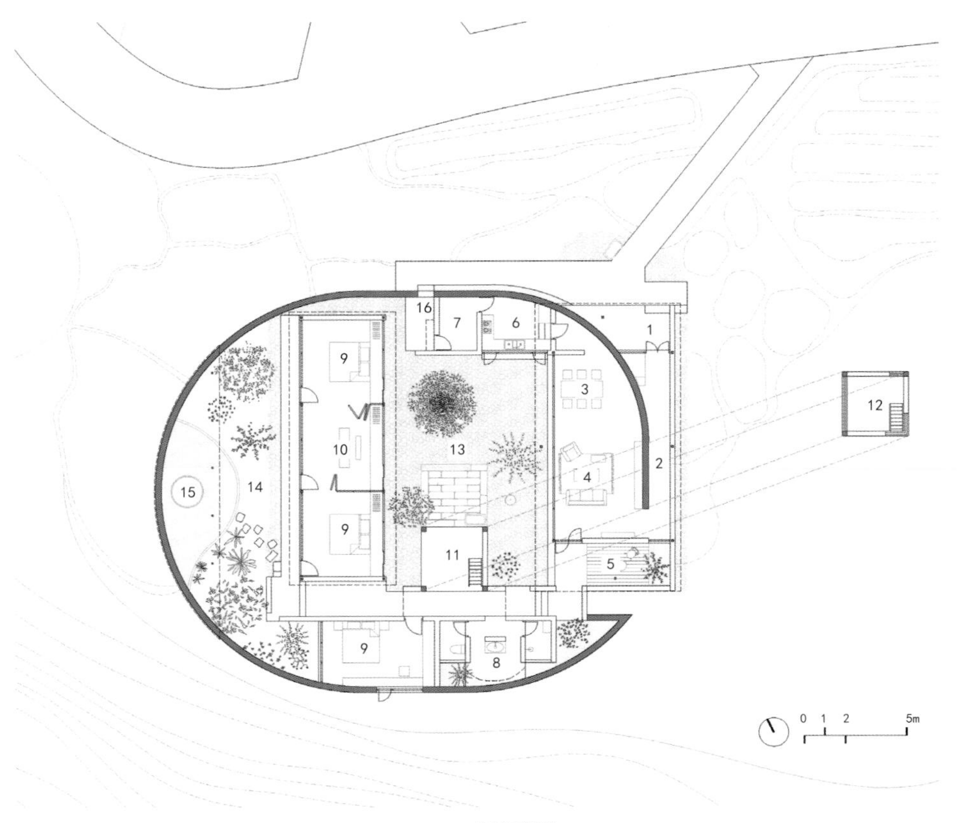

1 主入口
2 过道
3 餐厅
4 客厅
5 茶台
6 厨房
7 储藏室
8 卫生间
9 卧室
10 茶室
11 亭
12 多功能室
13 上院
14 下院
15 浴缸
16 次入口

［平面图］

01/ 项目鸟瞰

02/03/ 基地周边环境

04/ 主入口方向半鸟瞰夜景

05/ 夜间整体鸟瞰

06/07/ 建筑立面夜景

想要房子简单又功能完善，居住的各个功能被分解后安排在不同高度的场地上，相对独立。厅被设置在最上部，通过廊连接入口部分，具有公共属性；卧室被设置在下层标高处，获得下院的内向景观及私密性。

传统的石砌墙连接各个空间，空间设计模糊了传统建筑的朝向，但光线依然从西向进入，契合了老宅独特的场所精神。

01/02/ 入口夜景
03/ 入口墙面细部
04/ 室内廊道
05/07/ 半室外茶室
06/ 从阁楼看上院
08/ 从上院看卧室
09/ 从庭院看客厅

主体的厅和房采用钢结构金属屋面，形似“异物”，却契合了当下真实的乡镇图景（钢结构与金属屋顶形成的棚子由于防水性能好、造价低廉和便于施工，已成为乡镇建造活动里最为常用的形式）。

塔作为一种视觉向量上的延伸，设计师把其放在住宅的中间位置。

下院的棚，作为房子的对照，从构造方式与材料选择上保留了“理想”的“传统”，即三分水的坡度，来自传统的屋架关系——木柱与木梁作为主要承重构件，回收自邻居家的青瓦。

01/ 阁楼

02/03/ 入口通道

04/ 亭与阁楼

05/ 庭院空间

06/ 从餐厅看向客厅

07/ 客厅细部

08/09/ 从客厅看向餐厅

06

07

08

09

01

02

建造

砖匠、石匠、木匠作为传统建造的主要工匠，覆盖了整个建造活动。而钢筋工和焊工则作为新的工种，加入 21 世纪的城市化进程中。施工的控制，得益于作为木匠的主人，渐进地调和了其余工种潜意识里的不准确性。

03

04

05

06

07

01/ 从庭院望向餐厅

02/ 客厅

03/ 可变卧室

04/ 从卧室看向下院

05/ 从卧室看向客厅

06/ 从客厅看向庭院

07/ 从下院看向卧室

刘家山舍

项目名称：刘家山舍
项目地址：重庆市合川区太和镇
建筑面积：300 平方米
建筑设计：刘九三——玖叁设计工作室
项目造价：170 万元（总造价）
摄　　影：张毅杰（航拍），王崇（其余所有照片）

家乡的山有两种。一种阴郁神秘，高不可攀，不知道那一层一层的影子下面藏着些什么；另一种曲径通幽，引人入胜，不知不觉间你便会登上山顶，见所未见。后来我才知道，所有的山既是第一种，又是第二种，取决于登山的人有没有走出第一步。人心，是一座一座的小山包。

项目基地是设计师原有的宅基地，是四合院的倒座，位于群山环绕之间。设计师的父亲在城里务工多年，前年决定重建老家房屋，一方面作为奶奶返乡后的长期住所，另一方面能接待亲友小住（春节期间需满足30人左右的住宿）。房子是在原有宅基地上重建的，除满足基本的生活需求外，业主强调了两点要求：一是要高大气派，二是要有尽量多的露台，能够欢迎乡邻来做客。设计师理解父亲希望房子能更多地亲近自然，同时也察觉到人性的有趣：人会希望自己高人一等，跟别人有一段距离；又希望能平易近人，旁人能亲近自己。

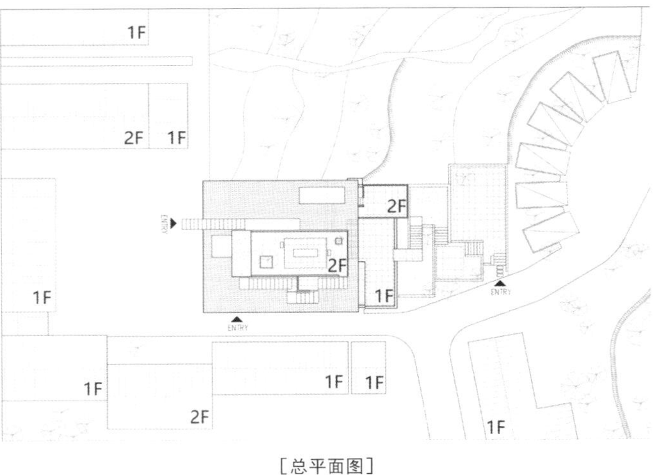

［总平面图］

01/02/03/04/05/06/ 原有的基地环境

07/08/ 刘家山舍鸟瞰

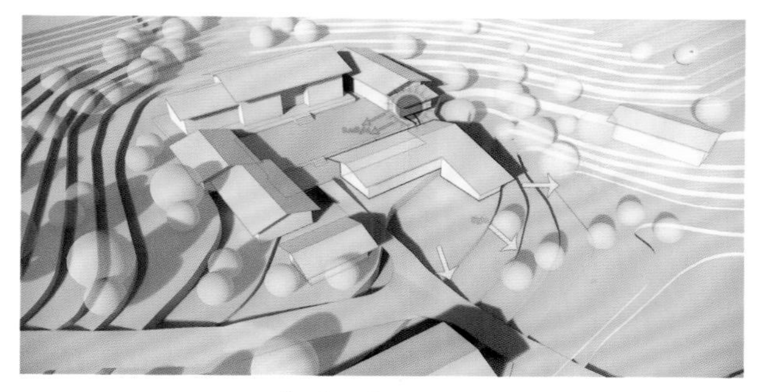

［原始场地背山面水］

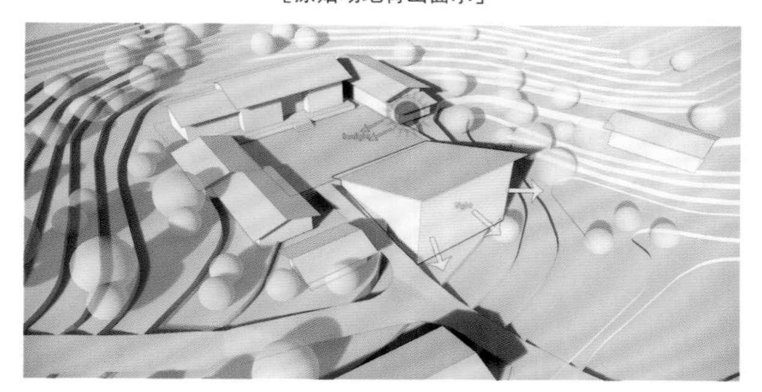

［单坡屋面造型争取到正面最大的开窗面积］

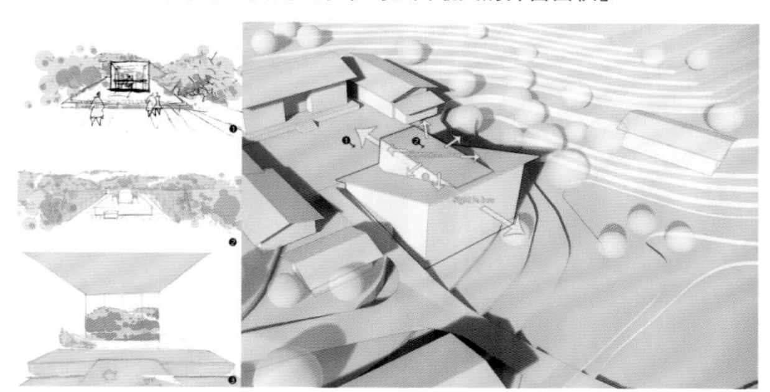

［前后通透的盒子］

［层层叠叠的露台］

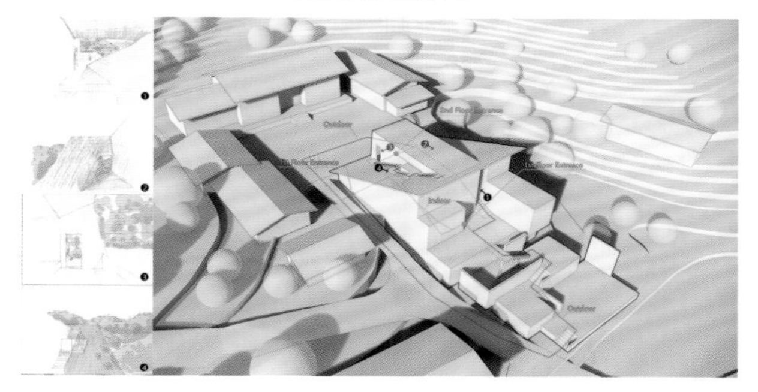

［半开放的室外路径］

项目设计除了需满足基本的使用功能外，还需要解决以下三个问题。

（1）建筑以何种姿态回应业主需求的两面性？

（2）如何平衡相对高大的新建筑体量与原有四合院的空间关系？

（3）如何与周边的自然环境产生亲近的关系？

设计最终以一个内低外高的单坡屋面协调了内部尺度宜人的四合院和外部高大形象的关系，一方面延续了四合院原有的空间感受，另一方面为新建筑朝向景观的正立面争取到了最大的开窗面积。然后从斜屋面上伸出一个盒子，盒子内部是前后通透、景观面良好的多功能空间，面向四合院的阳台可以做聚会时的舞台，屋顶是整座建筑最高的露台。

08

1 客厅　4 卫生间　7 卧室　10 庭院　13 乡村公路
2 餐厅　5 淋浴间　8 床铺　11 庭院上空
3 厨房　6 洗涤间　9 露台　12 周边建筑

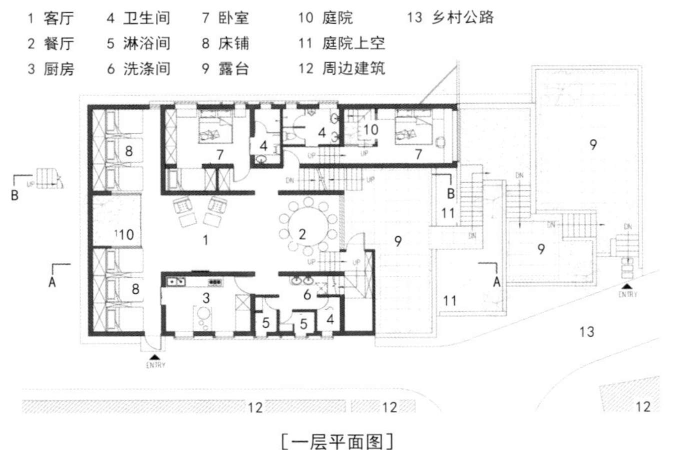

［一层平面图］

1 客厅　6 门厅
2 餐厅　7 卧室
3 床铺　8 走廊
4 多功能厅　9 露台
5 阳台　10 四合院

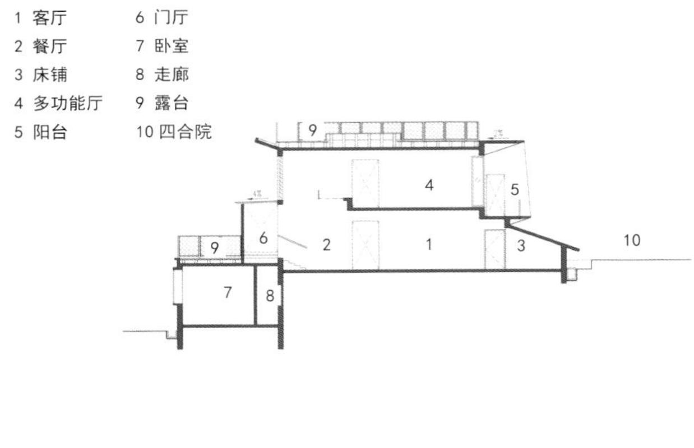

［A-A 剖面图］

1 多功能厅　6 阳台
2 吊床网　7 露台
3 上空　8 床铺
4 卫生间　9 玻璃顶
5 淋浴间

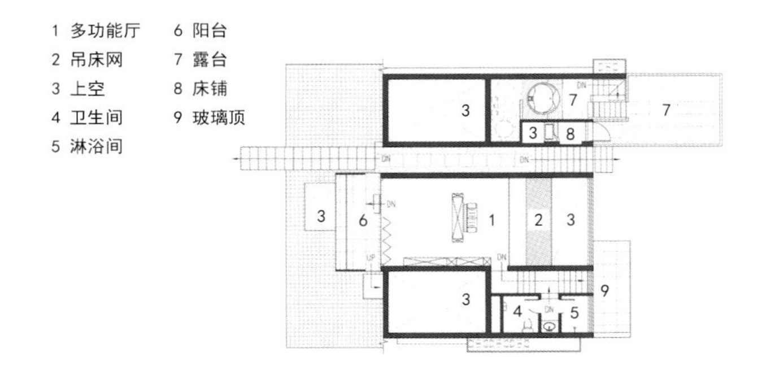

［二层平面图］

1 卧室　4 室外路径
2 走廊　5 露台
3 床铺　6 四合院

［B-B 剖面图］

1 茶桌
2 露台
3 上空

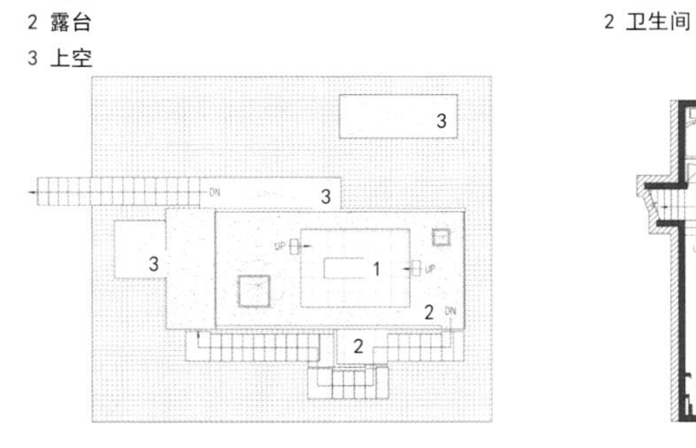

1 卧室
2 卫生间

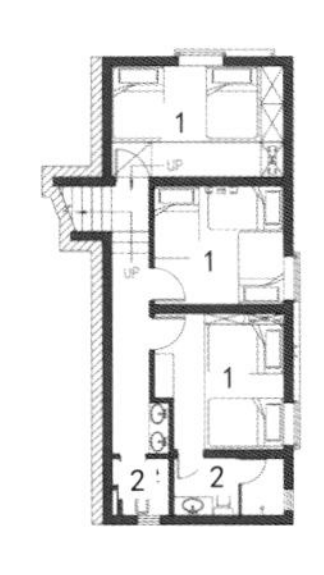

［屋顶平面图、地下一层平面图］

最后在建筑的正立面，顺应地势做了层层叠叠的露台。这在营造类似围墙一样领域感的同时，维持了建筑在视线和形象上的开放性。不同高度的露台通过一条半开放的室外路径串连在一起，连接前后院。

室内外公共空间形成类似于古典园林的环游路径。室外路径通过门径连接了建筑的每一个楼层，使得建筑的每一层都在感觉上与大地连为一体，创造出传统楼房中未曾出现的人与自然的亲近关系。

01/ 层层叠叠的露台
02/03/ 露台局部
04/05/ 露台顶部的观景茶桌

01

02

03

04

05

01

02

03

04

05

06

07

08

09

10

01/03/ 单坡屋顶与前后通透的盒子
02/ 项目鸟瞰
04/05/06/07/ 露台上的环游路径
08/ 屋檐下的空间
09/ 露台侧面视角
10/ 观景平台

01

02

03

04

由于奶奶常住的关系，室内空间设计的主要功能都布置在了同一层，包括奶奶的卧室、厨卫、客餐厅，以及另一间卧室。斜屋面下的低矮部分作为平日里的储藏室以及家庭聚会时的临时床铺。餐厅外面的露台是下面一层的屋顶。楼下有三间卧室。楼上是斜屋面伸出的盒子，平日里作为会客厅使用。也可以放下翻板床作为临时客房。

01/ 客厅

02/ 客厅中的电视景墙

03/ 室外园路

04/ 墙面装饰

05/ 卧室

06/ 阳台

07/08 吊床

09/10/11/ 过道空间

既可以显得高不可攀，又可以将人送至高处，这是山的两面性。建筑最终营造了类似登山的空间体验：高不可攀—曲径通幽—豁然开朗。它用多变的“山”，迎合了人的复杂需求，融入周边自然环境。

“修房子之前的二十多年，我跟爸爸少有接触，偶尔碰面，也不知道说些什么。对我而言，爸爸就像难以企及的山，这次却让我看到更远。”设计师这样说。

王涛自宅

项目名称：王涛自宅
项目地址：云南省大理市
建筑面积：240 平方米
建筑设计：三月设计工作室
项目造价：200 万元
摄　　影：侯怿昀、王涛

从平地开始建造自己的房子相对于购买商品房来说是个完全定制化的过程。设计师相信随着政策法规的变化，这种需求会越来越多。但作为国内大多数建筑师和室内设计师而言，高定制化的建造私宅是一项缺失的课题，之前很少有能实践的机会。所以设计师决定从自己开刀，从零开始建造自己在大理沙溪的家。

01/ 项目鸟瞰

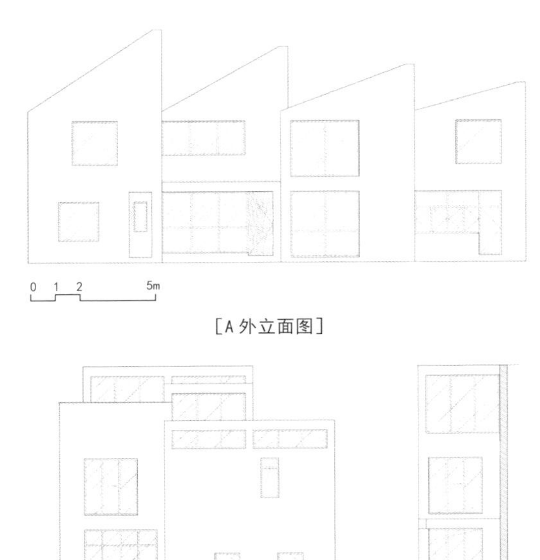

[A 外立面图]

[B 外立面图]

[F 外立面图]

01/02/ 住宅外立面

03/ 厨房外的小院

04/ 入户庭院

05/ 从室内看向室外田野

[1-1 立面形态构想]

[1-2 立面形态构想]

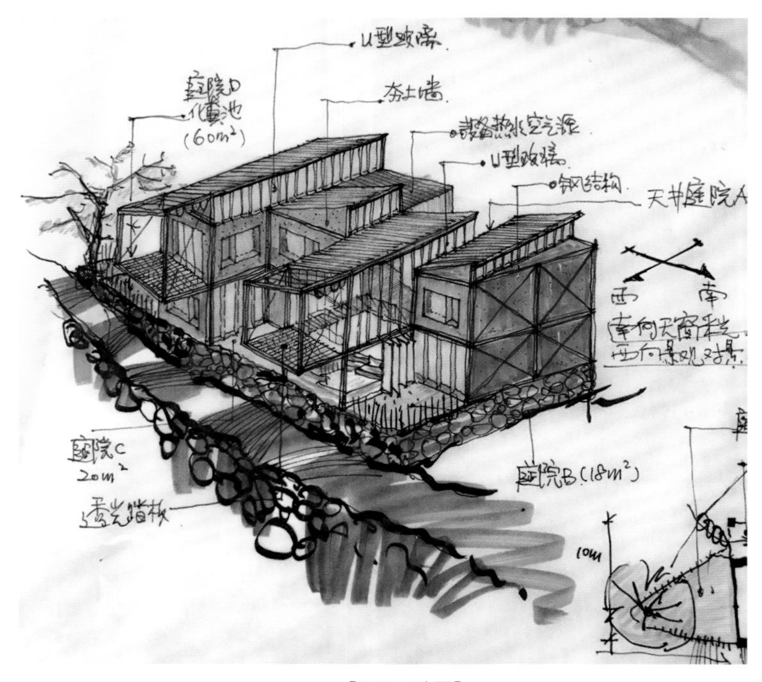

［平面手绘图］

03

04

05

要造一个什么样的房子？是设计师首先需要回答自己的问题。

“以成果来看它应该是真实的、不装腔作势的、清淡而有力的、有光影的。但开始的时候并不是这么想，很多时候设计师的表现欲是难受控制的，动不动就不自觉地发起力来。因为想要创作的那种欲望和力量比正常人都大。这里有一个摄入信息量的问题，我们在一个环境里、单位时间内所摄入的信息是有上限的。

举个例子，如果这个地方是度假型的，我来三天，我所能看到的每一帧画面，所闻见的每一种气味，所感知的每一丝温度，所触到的每一块肌理，甚至是制造出的每一处光影，都是我所谓的那个“信息量”。在这住三年就不同，因为时间增加了，信息总量也随之增加，但上限是有一个模糊的顶的，如果摄入不足你会觉得寡淡，可如果摄入过量，那种咸腻的感觉比寡淡还讨厌。这就是为什么经营性的场所一般都信息量比较大，因为它不是给你的长时间存在而准备的。”——王涛

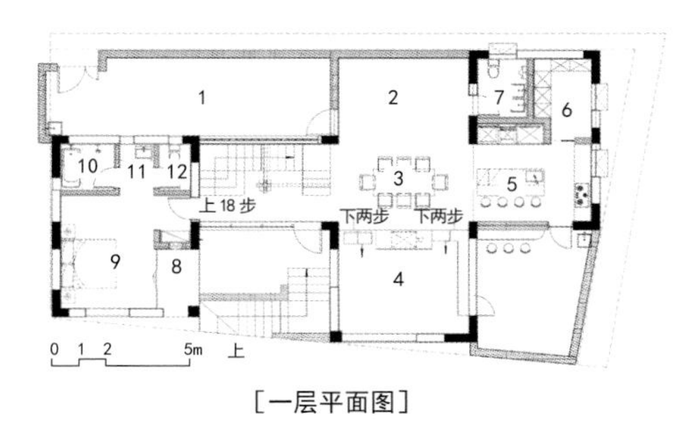

［一层平面图］

1 内院　4 会客厅　7 卫生间　10 茶室
2 阳光花房　5 厨房　8 内阳台　11 盥洗室
3 餐厅　6 储藏室　9 卧室　12 卫生间

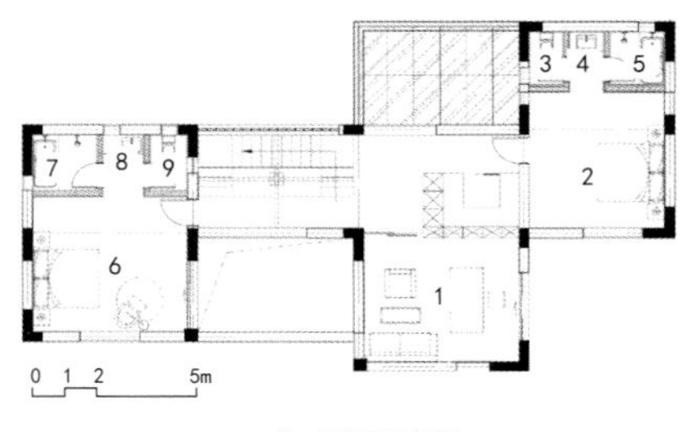

［二层平面图］

1 书房　3 卫生间　5 浴室　7 浴室　9 卫生间
2 卧室　4 盥洗室　6 卧室　8 盥洗室

01

02

03

04

01/ 开放式的阳光房、餐厅、厨房及下沉客厅

02/ 阳光房借了邻居家两颗石榴树的景

03/ 淳朴的原木桌子细部

04/ 小推车

05/ 从餐厅看向厨房

06/ 从客厅看向阳光房

07/ 客厅一角

08/ 下沉客厅

01

02

03

设计师一直认为最失败的家就是酒店的样子，酒店需要满足成百上千人的行为习惯，它的呈现必然是个平均值，即使是设计类酒店，也是在标准化和可维护的基础上运行的。这让几乎所有的酒店都没有办法不“装腔作势”，就像一个个板着脸但是得体的陌生人。

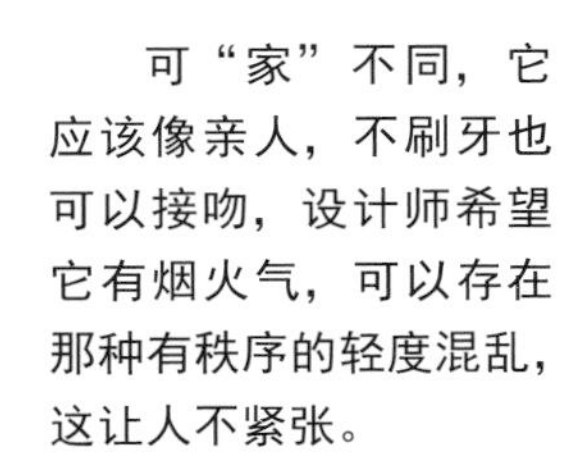

可“家”不同，它应该像亲人，不刷牙也可以接吻，设计师希望它有烟火气，可以存在那种有秩序的轻度混乱，这让人不紧张。

而如何做到不装腔作势，把度假型转换到常居型，是设计师花了很多时间来面对的问题。这个过程不是想出来的，是通过一遍遍的图纸更新得来的，因为每一版的图纸都有很明确的生活场景在里面，是否真的适合是需要一段时间验证的。

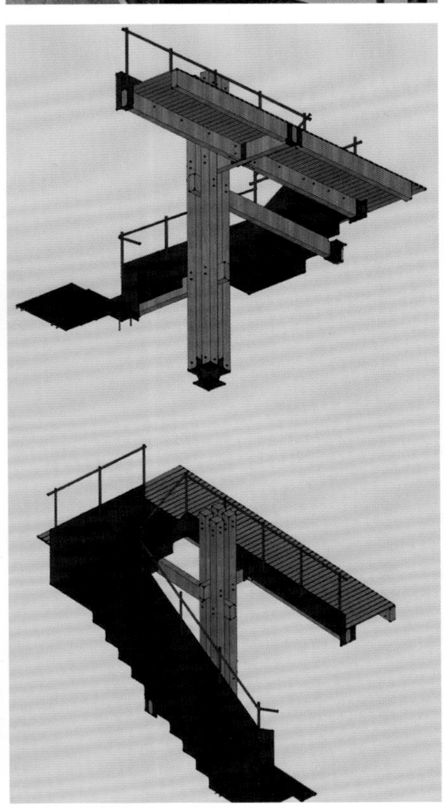

[楼梯模型图]

01/ 厨房

02/ 厨房中的黄砂岩石材中岛

03/ 开放式的阳光房、餐厅

04/ 木结构四连柱支撑钢楼梯和二楼过道

05/06/07/08/ 楼梯细部

在布局上，设计师做了一个 3 米 ×5 米的模数实验，这个尺度让他有安全感，很舒服，通过倍数的调整几乎能胜任所有的空间需求，比如 2 倍（3+3）米 ×5 米可以很容易地满足卧室连带干湿分离卫生间的空间需求。一个 3 米 ×5 米做垂直交通，一个 3 米 ×5 米做厨房等等，从结果看这个尺度还是成功的，不是肆无忌惮地大，也没有造成很多紧张感。

01

02

03

不管你身在都市，还是心在田野，想去奔跑就去奔跑，想去创造便去创造，就像一个朋友说的："认真对待自己的每一个阶段，做自己想做的事"，活出那个世间唯一的自己。

01/02/ 从工作室看向窗外

03/04/ 窗外的景观算是卧室唯一的装饰

05/06/07/ 每个卧室的开窗对景都有点区别

08/09/ 卧室细部

高海拔的家

项目名称：高海拔的家
项目地址：西藏自治区拉萨市
项目面积：280 平方米
建筑设计：hyperSity 建筑设计事务所
项目造价：100 万元（含软装）
摄　　影：马浩

在拉萨，藏族人的日常生活与信仰诉求都被浓缩于一座座的传统院落中，并在日光的照耀之下将物质与精神融合在一起。由此藏族民居总被厚厚的高墙和纯净的色彩所笼罩。如内地民居一样，传统的西藏民居也在经历激烈的现代化进程，旧式的院落已经不再符合现代藏族人民的生活需求。遗憾的是，传统的藏式建筑空间在拥抱现代化的过程当中，似乎很难主动地从自身特点去发展，更多的是被动地接受。城市化的建造方式使得藏族地区出现大量的标准式集合住宅小区，在统一的平面布局基础上，在建筑外部简单地强调几处藏式符号，而内部空间往往使用廉价的工业化大生产的图案装饰物件来营造所谓藏式文化与空间，这样均质化的居住形式无异于其他城市空间。

01

03

项目位于拉萨市城关区东部的一处藏族聚居区，是由政府在 20 世纪 90 年代统一修建的一楼一底（二层楼房与一个前院格局）形式，属于业主洛桑父母那一代的商品房。近几年由于洛桑的大女儿和小女儿相继出生，一家六口的生活需求与原有的空间格局产生了一定程度的冲突。另外到每年藏历拜佛节日的时候，洛桑一家和拉萨的其他家庭一样，会迎接从藏区各地远道而来参加节日的亲戚朋友，而现在的房屋内部空间已经很难满足，需要预留充足的休息空间。洛桑和太太都在内地接受过大学教育，更适应现代的生活方式，要求老房子在室内设施功能方面有所改善。新房子符合现代化生活功能性需求并兼顾传统精神生活，因此能够避免在内地城市化过程当中反复出现的问题。在藏区去重新挖掘具备当代特征的居住空间，成为新的建筑空间格局以及组织模式的基本出发点。

01/ 夜景

02/ 改造后的俯视图

03/ 改造后夜景鸟瞰图

04/ 建筑鸟瞰图

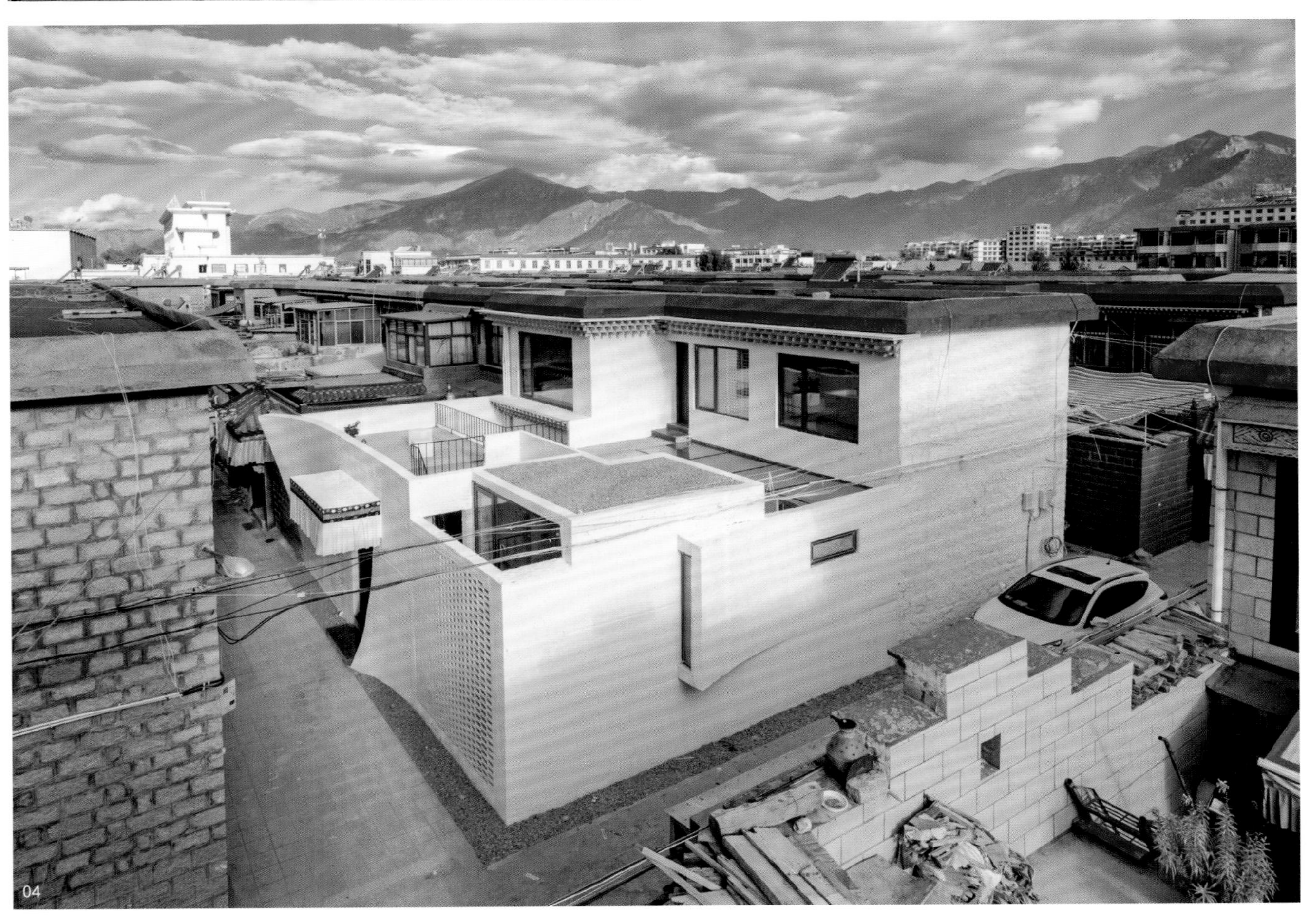
04

01/ 改造后的外墙

02/ 街道界面

03/ 外墙夜景

04/ 入口

［一层平面图］

［二层平面图］

［剖面图 A］

［剖面图 B］

［剖面图 C］

拉萨被誉为日光之城，阳光是一家人居住行为当中非常重要的元素。但是这里的光并不意味着无限制的光，而是一种被控制的光，被设计过的光。传统的藏族起居空间里，对光的控制体现在“冬室”和“夏室”的区别上。开窗规律为下层窗小，利于保暖，故为“冬室”；上层窗大，利于通风，故为“夏室”。一层外墙很少开大型窗户，这样形成的传统藏式的院落往往是一种内向型的空间，并通过高高厚厚的院墙营造私密、肃穆、威严的气质。但是新式的厨房以及厕所等功能空间不得不在外墙开一些小型的功能性洞口。

因此，在新的设计中，在保持外墙私密性的前提下，通过撕裂几处裂缝，来为室内的空间提供采光与通风，满足功能性的同时，将外墙界面处理得更加柔化与模糊。另外，建筑师观察到当地人在翻新当代民居的时候，特别注意外墙材料的运用，一般他们会使用如拉萨石等天然建筑材料。建筑师在改建部分的建筑上，使用混凝土整体浇灌的技术，一次成型的混凝土外墙采用混凝土木纹肌理，白色墙面通过实木质感与人的尺度拉近，打破常规的高高的外墙与人的隔离感。

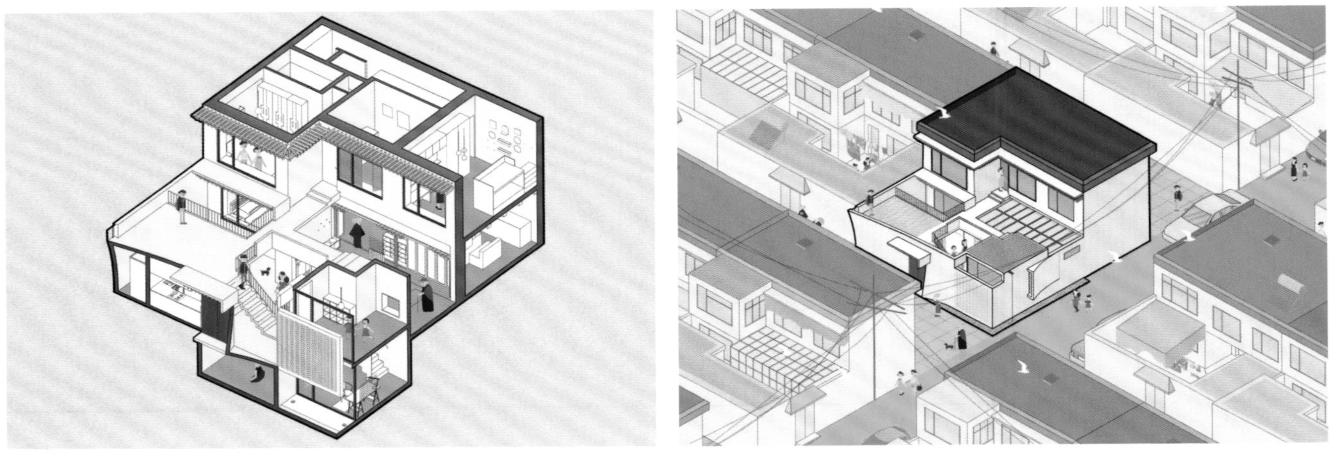

［建筑轴测图］　［周边环境轴测图］

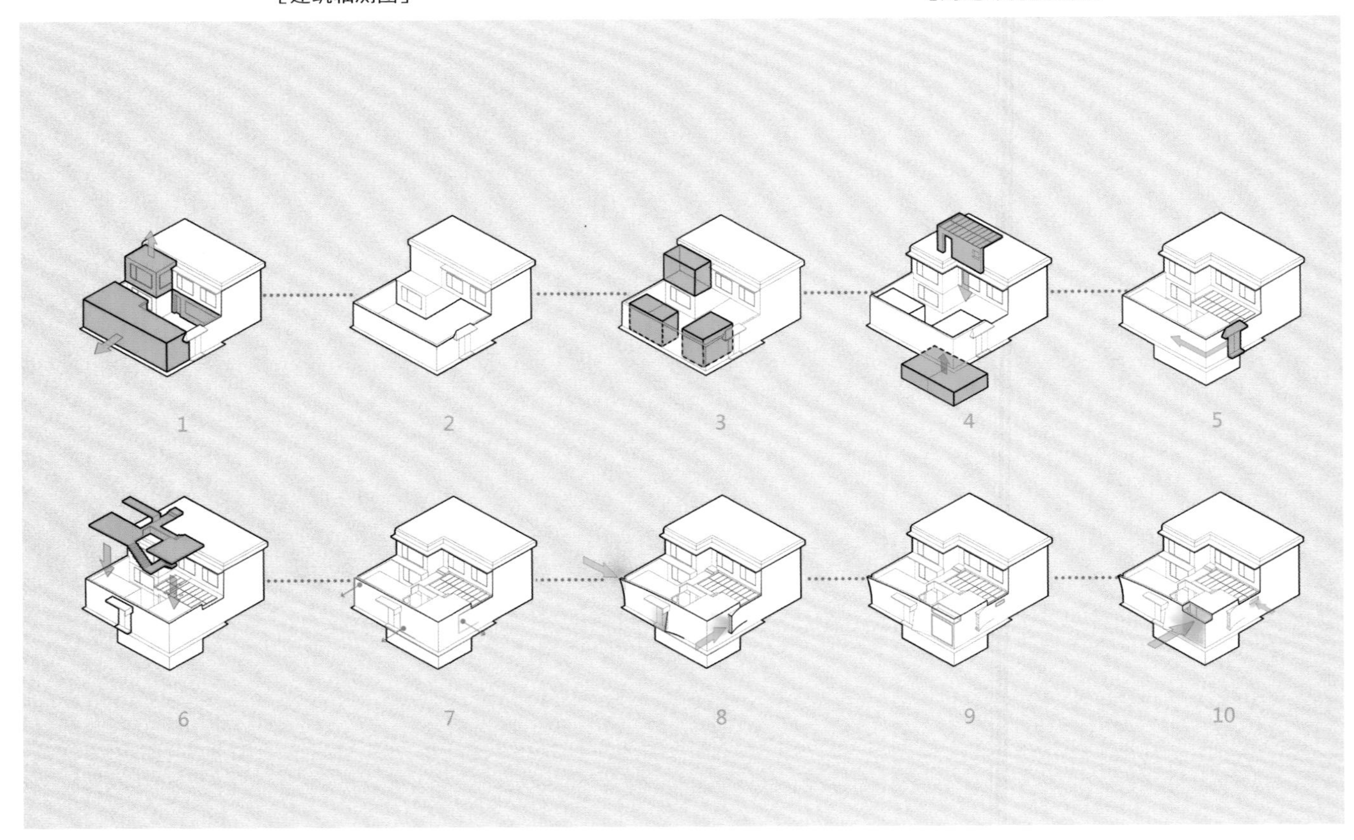

［生成分析图］

藏族的洁净观强调“内外有别”，以家庭核心空间为圆心，越是内部的，越是洁净。因此，爷爷奶奶居住的一层空间中，卫生间设置在小院靠外墙的位置，在二楼区域增加了室内卫生间。藏族人总是尽可能地利用户外空间活动，因此，加建部分的楼梯连通新建的厨房和厕所的屋顶平台，成为将来洛桑一家主要的室外活动空间。在流线方面，外部拜佛的亲戚通过庭院的楼梯进入到二层佛堂，并通过内部楼梯回到阳光房。这样可以避免亲戚朋友到访时对一楼老人休息区的打扰。女儿也可以通过阳光房的爬梯进入活动房，并通过室外楼梯上到屋顶平台。

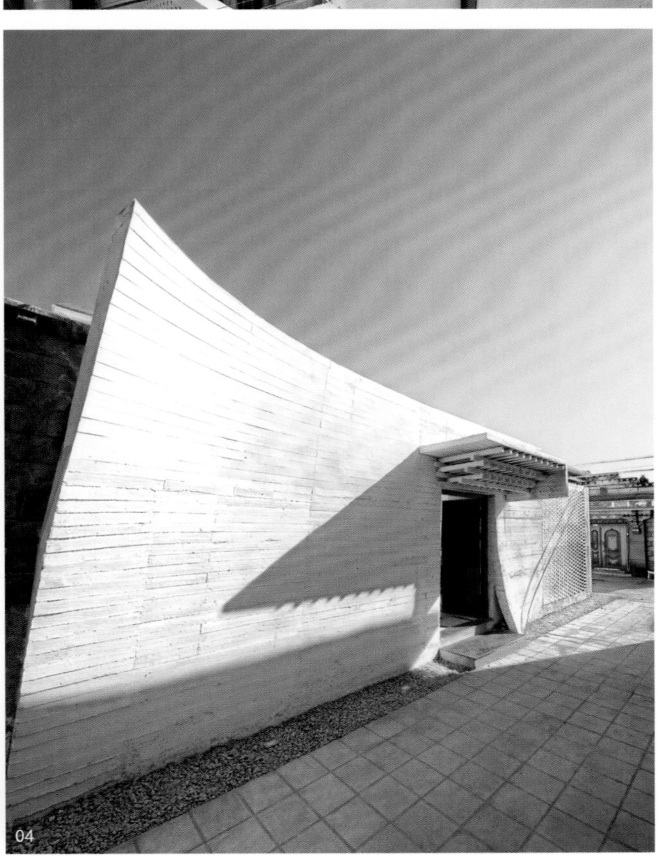

01/ 二层通向佛堂的室外过道

02/ 二层屋顶花园

03/ 外墙界面

04/ 混凝土墙

01

02

03

04

随着室内现代取暖设备的普及，当地家庭在院子里搭建的阳光房是承载着西藏人一天起居、吃饭、休息、交流的场所。在原始房屋结构允许下，建筑师将一楼阳光房和客厅贯通，使得室内采光得到充分改善并拓展了阳光房的使用面积。这样，“冬室”和“夏室”的活动都发生在阳光房当中，阳光房成为当下藏族居住院落的“世俗”化空间核心，也是最亮的空间。

在其他空间中，光的元素也被有意识地控制，比如南侧的儿童活动房间与地下工作室通过向北侧的后退留出南向采光面，并通过东侧飘出的线性窗户，为儿童活动室增加采光。厨房为朝东的大面积开窗，尽可能地引入阳光。院子当中的洗手间，利用西侧飘出的三角形开窗，在保证私密性的同时引入采光。二层加大了每个区域窗户的采光面积，符合传统中“夏室”的规律。

01/03/ 入口庭院

02/04/ 内庭院

05/06/ 室内阳光房

07/ 客厅

佛堂，是藏族院落的“精神”化空间核心，需要光，但是需要不一样的光。在整个新院落中，建筑师设计了两处佛堂空间，一处为相对传统的佛堂，位于二层，通过窗户的木质格栅，控制进入的光线。另外一处为新式的佛堂，位于地下一层，通过控制天光，为地下佛堂营造神圣静谧的空间气氛。由于佛堂是藏族人民每天修行的区域，建筑师最大程度上尊重当地信仰的同时，在细节上增加了一些当代设计特性的空间处理。地下室佛堂入口采用木结构与点状光照明，与室外庭院带来的天光呼应，减少从一层院子通过蓝色楼梯到达地下室时的压抑感。可活动开合的木头镂空屏风门将地下室空间一分为二，增加了进入空间的仪式感。二楼的佛堂采用传统民族吉祥结符号设计的天花，暗含“回环贯澈、一切通明、永无障凝”的寓意。

01

02

03

新的居住空间必然要符合现代藏族家庭对于生活起居、宗教信仰等所有的具体需要，并且更加科学合理化地规划、处理流线、通风、采光、保暖、水电等基本要素。在保证这些基本要素的基础之上，设计师塑造一个现代化的空间来满足一家人的精神诉求，实现整个院落在社区中的示范价值。

在整个新的院落设计中，光线、私密性、流动性是重要的关注点，通过研究得出，这些在藏式居住空间中是非常重要的空间要素，甚至比许多藏式文化符号要素还重要。整个空间是一个连续性的流线，将空间的物理属性拉大。最终作品的呈现甚至没有采用任何藏式装饰性的符号语言，而是通过对空间本质的挖掘与延续，在满足新的生活需求的前提下，创造出一组具有藏式精神与气质的新式居住空间，为藏族居住空间的现代化发展提供一种新的可能性。

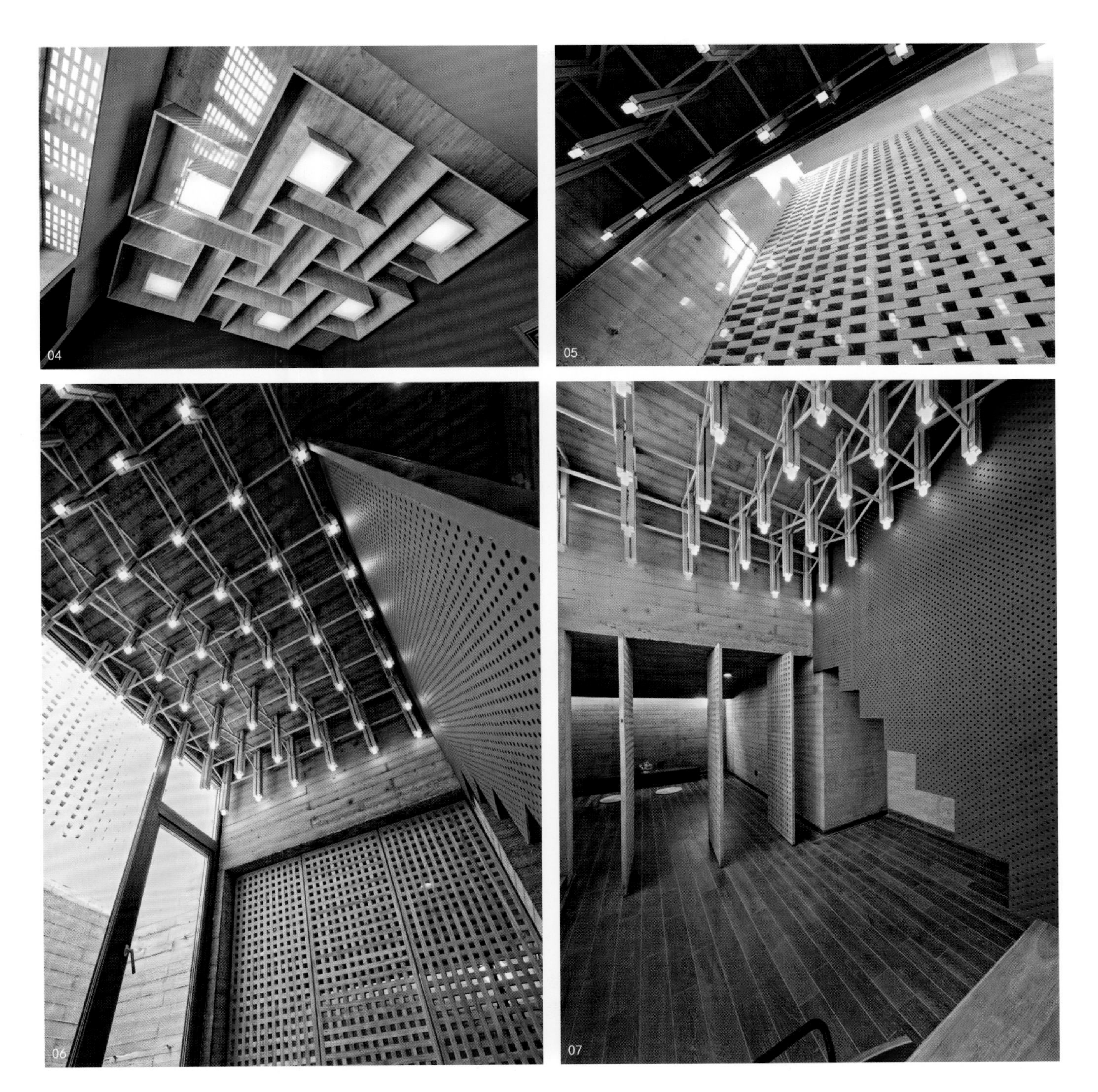

01/ 地下工作台
02/ 地下佛堂
03/ 二层佛堂
04/ 二层佛堂天花
05/ 地下室采光天井
06/ 地下室天花
07/ 地下工作室

黄土上的院子

项目名称：黄土上的院子
项目地点：陕西省渭南市
建筑面积：278 平方米
建筑设计：hyperSity 建筑设计事务所
摄　　影：hyperSity 建筑设计事务所

这个项目是受“wow 新家”栏目组邀约的一次改造设计，为网红叶良辰所在的深山里的家进行改造，地点在陕西省渭南市李家沟村的山沟里。村子呈现出中国西北地区传统的乡村面貌，黄土高原千沟万壑、民风淳朴，建筑形式以传统的窑洞为主，条件好点的家庭建起了砖房，或是整家迁往临近的县城。正如中国大部分的偏远村庄一样，成年的劳动力大都在城市打工，村里更多的是留守儿童和空巢老人，很多窑洞也是年久失修，几近坍塌。

改造前的院落是一处破旧的传统窑洞民居，主窑位于整个院落的最北边，面积有50多平方米，进深有11米，是一家人主要起居的场所。三孔侧窑位于西侧，东面采光，现在已经完全坍塌、不能使用。这里没有厕所、厨房，原先的窑洞虽然具有冬暖夏凉的优势，但是同时有阴暗潮湿的弊端，这些都是新的设计亟待解决的问题。

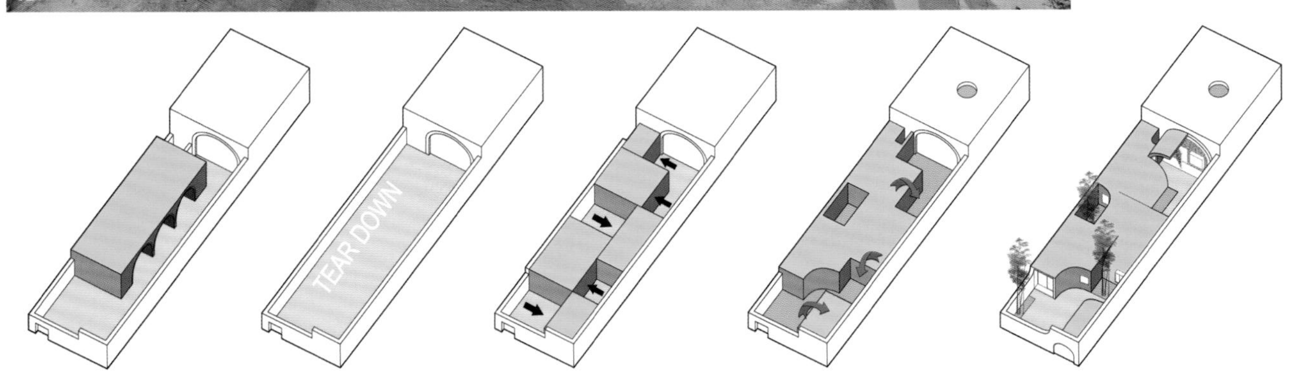

[建筑衍生图]

改造策略是在解决一家人基本生活需求的情况下，提供尽量多的与自然相接触的机会，让生活起居空间里处处都有阳光，处处都有景观。在改造过程中，设计师按照现代化的空间布局与设计手法，将整个院落进行结构性的调整，将原来东西朝向的三孔侧窑拆除，新建的三个房间全部改为南北朝向，保证每个房间都有良好的通风、采光，将原先院子里的主窑洞保留，这部分也是现有建筑中唯一可以保留并继续被使用的空间。

01/ 窑洞改造前

02/ 建筑整体鸟瞰

03/ 建筑与院落的关系

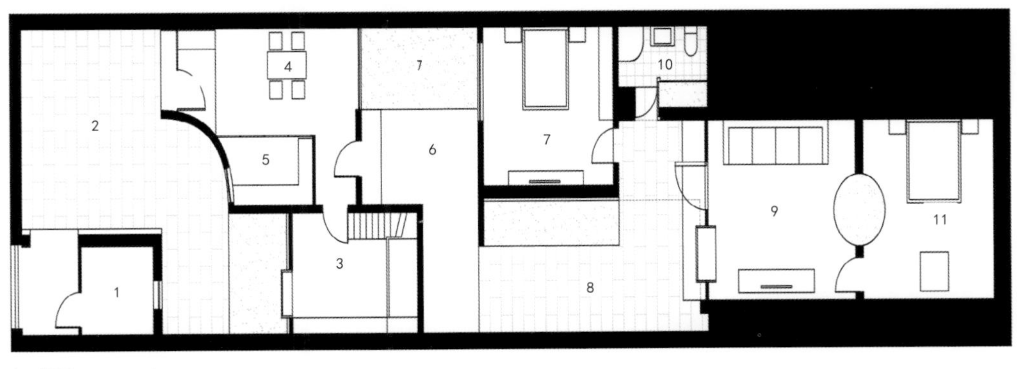

1 仓库
2 前院
3 客厅
4 餐厅
5 厨房
6 过道
7 卧室
8 后院
9 客厅
10 卫生间
11 卧室

［基地平面图］

［建筑模型］

在整个建筑空间设计过程中，建筑师非常注重新建筑与当地环境的融合。在空间体量方面，新建筑被严格控制在原先建筑的平面红线与高度之内，没有任何突兀感。在空间语言上，设计延续当地传统窑洞拱形的空间元素，并进行解构与重塑，使一座完全现代的新建筑能够在历史与传统中产生联系。

设计师在新的院落布局当中置入 5 处庭院景观，形成前院、中院、后院与两处天井。5 处室外景观与房屋错落穿插，创造出类似传统中国园林似的曲折路径，在视觉上与心理上拉长了院子的空间，改变了原先院子只有一条窄窄的走廊，仅仅作为交通空间使用的尴尬之处。

01/ 新建筑与邻家界墙

02/03/ 建筑入口

04/ 一进院夜景

05/ 一进院鸟瞰

06/ 从二进院到三进院

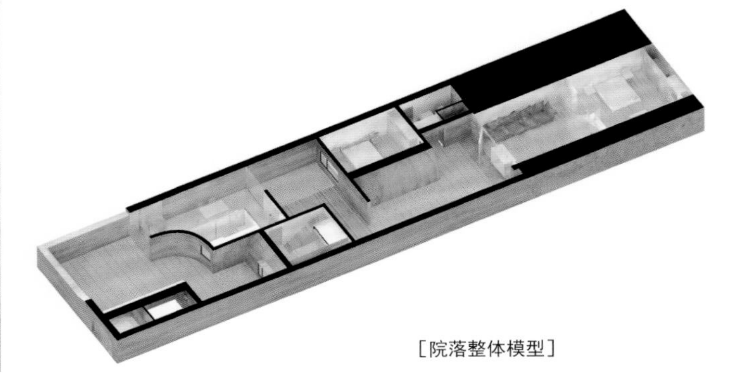

［院落整体模型］

主窑内部被分为前后两部分，后半部分继续保留作为奶奶居住的卧室空间，前半部分作为客厅。主窑正中间的屋顶开了一处直径为 1.5 米的天井，实现自然采光与通风。主窑的窑面被设计成大面积的玻璃幕墙与木格栅，保证了客厅内一天中都有充足的阳光。主窑外侧的半弧形雨棚完全结合了传统窑洞的空间形式，不仅起到了遮雨的功能，在冬天还能阻挡关中地区凛冽的西北风，在夏天遮挡强烈的西晒光。

01/ 二进院
02/ 入口玄关
03/ 餐厅
04/05/ 起居室
06/07 新建客厅
08/ 窑洞天井

室内空间重新利用原先窑洞留下的青砖作为背景墙材料，并对老旧的家具进行改造与利用，从而使全新的房子使用起来不会有那么强的陌生感。农村人也需要现代化的生活，农村也需要现代化的设施。农村不应该是城市的低级版本，不应该是城市的跟随者，而应该是跟城市有差异化并更接近自然与土地的人类栖息地。

05

06

07

08

在关键的材料选择方面，新建筑采用了传统的夯土技艺，就地取材。黄土选自山顶的黏土，与山下的碎石、石渣混合，这既节省了成本，又令建筑更具当地特色。这样的做法使这座建筑只能出现在这个村子里，可能到了隔壁村子因为土与岩石的颜色不同，就会呈现出不同的效果。这样最后呈现出的就是一个完全现代化的，甚至有点超前的当地“土”房子。